ルポ・日本の生物多様性

保全と再生に挑む人びと

平田剛士

地人書館

ルポ・日本の生物多様性

保全と再生に挑む人びと

目次

はじめに

題名に「生物多様性」とあるのを見て本書を手にとってくださった読者のみなさんには、本書の著者、つまりわたしが、研究者でもなんでもない、ただの取材記者に過ぎないということをまずお断り申し上げておきたい。本書は希少動植物保護の問題や、移入種問題などを扱っているけれども、わたしには保全生物学はおろか、これまで生態学、獣医学、遺伝学、園芸学、地理学そのほかの専門教育すら受けた経験がない。ふり返ると二〇年あまり前、ただ興味のおもむくまま、おっかなびっくりこの分野に首を突っこみはじめたおり――それはアイヌモシリ（「人の静かな大地」という意味のアイヌ語。北海道のこと）の阿寒湖《あかんこ》畔の雪深い森の中で生態学者たちのグループが行なっていた野生エゾシカの群れの生け捕り調査の取材だったが――「個体群」「テレメ」「拮抗剤《きっこうざい》」などといった専門用語が飛び交う現場で、いちいちそれらのコトバの定義や意味（時には漢字や英単語のつづりまで）を聞き直しては、必死にメモをとらなければならなかった。同じようなことはじつは現在も続いていて（「あのォ、MVPって何の略でしたっけ？」）、本書のための取材時にも、フィールドに連れていってくれたり研究室でインタビューに応じてくれたりした専門家のみなさんにはずいぶん無駄な「講義」をさせてしまったと思う。

だが、そんな特別授業のおかげもあって、自然環境にかかわるいろいろな問題を取材したり原稿を書いたりする時に心すべき指針のようなものをいくつか身につけることができた。そのひとつとして、いま最も大切だと考えているキーワードが、この「生物多様性」だ。

この用語、多くのみなさんはすでにお馴染みに違いない。念のためにその出自をおさらいしておこう。前著（『エイリアン・スピーシーズ　在来生態系を脅かす移入種たち』緑風出版、一九九九年）に引き続き同じ文献の同じ箇所からの引用で恐縮だが、保全生物学者の鷲谷《わしたに》いづみさんはこう解説している。

〈「生物多様性」という用語は、種の大量絶滅・衰退と生物学的侵入による生物相や生態系の全地球的規模での急激な変質という「危機」的な事態を憂慮する生物学者によって、問題を科学的に捉《とら》えると同時に危機を回避するための目標を明示する言葉として、一九八〇年代の後半に作られたものである。〉（「生物多様性とは何か――〔危機〕が生んだ科学用語」『生物の科学遺伝別冊№９』収録、裳華房、一九九七年）

つまり「生物多様性」は、最初からはっきりひとつの目的をもって生み出された戦略的な新造語なのだ。ふつう「多様性」と聞くと、「多様性に富んでいる」とか「多様性に乏しい」とか、何か目盛りを読んで度合いを調べる測定器のようなイメージが思い浮かぶかもしれない。でもひとたび頭に「生物」がくっついて「生物多様性」というひとつの用語として使われるや、「もうこれ以上この目盛りを下げるようなことをしてはダメ」という戒《いまし》めの意志が色濃く浮かび上がってくるのだ。

この「生物多様性」を取材や執筆の指針にするとはどういうことだろうか。それは、その地域の社会の〝ふるまい〟が妥当かどうかを、「生物多様性」が含み持つ目的意志――〈問題を科学的に捉えると同時に危機を回避する〉こと――に照らして判定するということである。この場合、判定者がプロの科学者である必要はない。科学者ではないわたしは、自分自身が直接的に〈問題を科学的に捉える〉ことはできない。けれども、全国を旅しながら現場を訪ね、あれこれ見聞きすると、目の前の生物多様性が人びとのふるまいによってこれからどうされようとしているのか、判定することはそれほど難しくないのだ。

当然ながら、注意すべき落とし穴もある。「生物多様性」というコトバは今では非常にポピュラーになって、役所でも企業でも、だれもかれもが企画書に「生物多様性を守るためにこのプロジェクトを立ち上げました」「生物多様性に配慮した工法を採用しています」などとしたためるようになっている。そのようにすると納税者や顧客やメディアによくウケる。結果として予算がつきやすいのだ。一般にコンサルタントや企画課員たちは文才に非常に長《た》けているので、彼らの仕上げた素晴らしいドキュメントにばかり目を奪われていると、うっかりごまかされてしまいかねない。真贋《しんがん》を見分けるのに、「なされようとしていることに科学的裏付けは十分だろうか」と疑ってかかる目は欠かせない。

もうひとつ。「生物多様性」について書かれた教科書や論文はたくさん出ているが、あれこれ読み比べてみると、この言葉の意味をズバリ簡潔に説明する肝心の「定義」がどうも一通りではないということに気づくだろう。教科書を執筆するくらいのプロの専門家たちの間でも、解釈に〝多様性〟がみられるのだ。思うに、このような解釈の自由度があったからこそ、この用語は短時間のうちにいろいろな主義・価値観の人びとに重宝され、世界中に広まっていったのだろう。開発系の役所や企業が企画書類に多用しているというのもこの効果による。

では、わたしが本書で指針として使う「生物多様性」の定義は何か？　これはハッキリしておかなければならないだろう。前著では
〈生物多様性とは地球上の生命の総体を意味し、したがって、すべての植物、動物、微生物、これらすべて

の生物の遺伝子と生物を取り巻く自然環境からなる複雑な生態系を指す。〉

という定義をプリマックほか『保全生物学のすすめ』(文一総合出版、一九九七年) から引いた。本書ではもうひとつ、生態学者の平川浩文さんによる次の一文をエッセンスとしてつけ加えたいと思う。

〈生物多様性の保全とは、多様度の高い自然を作ることでも、多様度の高い自然を守ることでもない。各地それぞれ特徴ある在来の自然を守ることであり、その自然を構成する在来の植物や動物を失わないことである。それが結局、生物世界の多様性 (生物多様性) を保全することになり、またそれが生物自然の保全に関する我々の自然な価値観に適《かな》うのである。〉(平川浩文「多様性、高きがゆえに尊からず——生物多様性の保全とは何か」『北海道におけるギャップ分析研究報告書—新たな生物多様性保全戦略にむけて—』収録、北海道ギャップ分析研究会、二〇〇二年)

〈各地それぞれ〉、つまりあらゆる場所で〈在来の自然を守る〉ことが大事だとする平川さんのこの解釈には、現状に対する強烈な危機感が込められている。この危機感をわたしも忘れずにいたい。繰り返しになるが、自分勝手な環境破壊を続けてきたいままでを反省し、もうこれ以上同じことを続けていてはダメだと自戒する意志こそ、「生物多様性」の本質なのだ。

さて、こんなふうに生物多様性をとらえると、それを保全する活動もやっぱり〈各地それぞれ〉で進めることが肝要だと気づく。もちろんそこには人の暮らしがあり、人と自然との関わり方も千差万別だ。それぞれ特徴ある状況の中で、保全のために必要なこともまた、さまざまであろう。

わたしはこれから、読者のみなさんを小さな旅にお連れしたいと思う。北海道から沖縄県まで、海や山や川を訪ね回りながら、これまでの環境破壊の傷跡を見学し、また各地さまざまなやり方でその〃治療〃や、残されている生物多様性の保全に取り組んでいる人たちに会いに行って話を聞くことにしよう。

　生物多様性のためのそうした活動は、ある場所ではすでに成果が出始めているけれど、別の場所ではようやく芽吹いてきたばかりで、花が咲き実がつくのはまだこれから、ということもある。人間と野生動物との生活圏が重なる地域で、両者の間のあつれきを低減させると同時に野生動物の群れを健康な状態に維持しようとする「ワイルドライフ・マネジメント（野生動物保護管理）」は、一部地域ながら実際に機能し効果を上げ始めている好例だろう。他方、いかに科学的な裏付けを重ねたとしても、複雑な自然を相手にしているのだから、いつも人間の想定通りに進むとは限らないが、失敗を恐れず、むしろ失敗を糧《かて》に恒常的に素早くハンドルを切り直しながら最善の結果にたどりつこうとする「アダプティヴ・マネジメント（順応管理）」についてもご紹介できるだろう。

　また、地域の人びとがそれぞれ自分の身の回りの生物多様性を思いやるとき、その保全をだれかに強いられていると感じてしまっては活動は長く続かないと、読者のみなさんはこの旅を通じて次第に気づかれると思う。生物多様性をこの先長く保全していくには、地域の自然に関わるなるべく多くの人びとが、誇りを持って自発的にこの活動に取り組めるよう工夫する必要がある。その鍵として、本書では「サステイナブル（持続可能な）な管理」という概念を、先進国ニュージーランドのやり方を例にご紹介したいと思う。

　前置きがすっかり長くなってしまった。支度はよろしいだろうか。

――では出発しよう。

※注　「個体群」は〈一定時間内に一定空間に生活する同種の生物個体の集まり。出生率や死亡率・分布様式その他によって特徴づけられる。〉（三省堂『大辞林』）、「テレメ」はラジオ・テレメーター（radio telemeter＝電波傍受装置）の略称、「拮抗剤」は麻酔薬の効果を減じる薬剤、また「ＭＶＰ」は minimum viable population size＝最小存続個体数の略号。

Reportage 1.

海鳥を大量死させているのはだれ？

～水産大国ニッポンが抱える混獲問題

オロロン鳥を見にいく

ボートが岬に接近して目的地が見えた瞬間、地名の由来はすぐに分かった。透き通った蒼《あお》い海の上に衝立《ついたて》状の巨岩が一枚、青空に向かって屹立《きつりつ》している。基部の長径が約三〇メートル、頭頂部の高さは海抜四七・五メートルとのことだったが、海上からそのてっぺんをうかがうことはできない。かわりに視線はごつごつした巨岩の側面の縞《しま》模様に吸い寄せられる。全高をほぼ三等分するように、地層がはっきり現れているのだ。三層並んだうちの中央を占める分厚い堆積は、厳密にいえば「小豆《あずき》」か「浅緋《あさひ》」と称される色を発している。だが、おおざっぱに「赤」と表現してもだれも異存はないだろう。

天売島《てうりとう》は北海道北部の日本海沖に浮かぶ周囲一二キロメートルほどの小さな島である。その南西部の海岸沿いにはまるで島の縁が欠け落ちたように微小な島が点在するが、そのうち南西端に位置するこの「赤岩《あかいわ》」が、きょう二〇〇二年七月一八日の観察ポイントだ。午前一〇時三〇分、四キロほど離れた「前浜漁港」からウニ漁のモーターボートに便乗させてもらって、外海側から岩の基部にとりついた。研究者たちがつくる「日本海鳥グループ」の事務局長で、「北海道海鳥センター」（北海道苫前《とままえ》郡羽幌町《はぼろちょう》）に勤務する小野宏治さんの背中に従い、まずは荷物を水際から離れた場所に引き上げる。赤岩の基部は、恐らく波濤《はとう》に浸食された結果なのだろう、外海に面したちょうどこの位置が水平方向に少し窪んでいる。これから日暮れまで、ここに陣取って終日海鳥のウオッチを続ける観察者にとって、かろうじて腰を下ろして過ごせるスペースというわけだ。

小野さんはさっそく荷ほどきし、重量級の三脚を立てた。セットしたプレートには雲台《うんだい》が二つ。そこに倍率

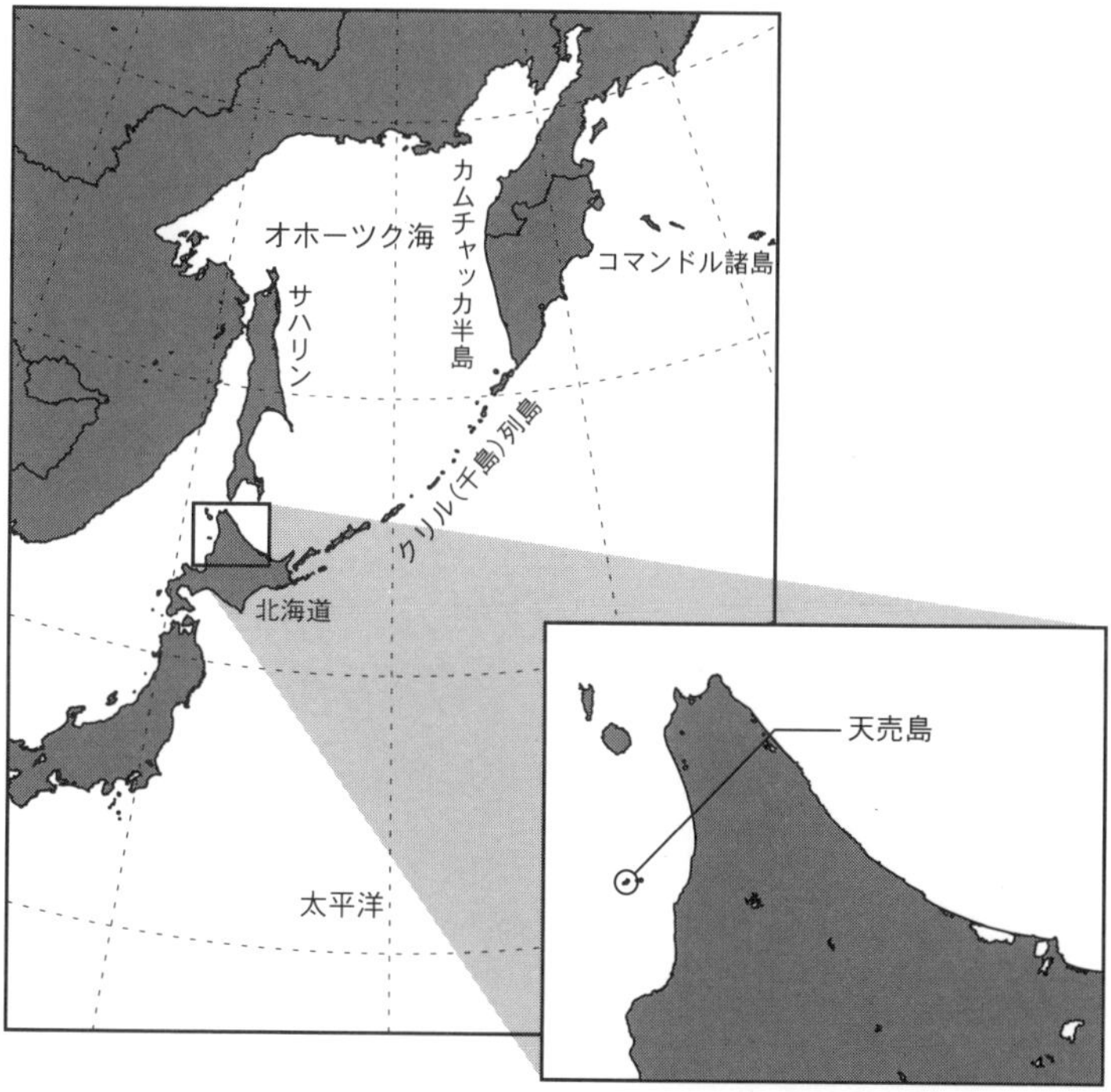

鳥たちに国境は無関係だ。天売島で見られる海鳥たちも、ウミガラスは北太平洋、ケイマフリはオホーツク海と、生息地は広い。彼らの保護は各国の責務だ。

天売島への玄関口、北海道羽幌町では巨大なウミガラス像が旅行者を迎えてくれる。(2003年1月21日、北海道羽幌町で)

三〇倍の望遠鏡と、望遠レンズつきのビデオカメラを取りつける。焦点を合わせた先は三〇メートルほど離れた対岸（天売島）の南西の絶壁――ほぼ垂直に一〇〇メートルほども切り立ったその中ほどに、ぽっかり横長に鬆《す》が立ったように口を開けている小さな岩窟だ。中は暗い。

「相手を警戒させたくないんで、小さな声でお願いしますね。こちらの姿を見せないように、ここから先へは出ないで」

照準地点と三脚を結んだ直線を、右手の人差し指を動かしてこちら側まで延長しながら、小野さんは自分も小声でこう伝えた。言いつけ通りに無言でうなずき返し、小野さんの肩越しに双眼鏡で対岸を覗き込む。岩窟の手前の縁に、十いくつの鳥が並んでたたずむ姿が見えた。だが、三羽のウミウ（ウ科）を除いたほかの鳥たちは、直立したまま微動だにしない。それも道理で、あれらは全部、作りもののデコイ（おとり）なのだ。

「うーん、見えないなあ。一週間くらい前まで番《つがい》が子育てしてるのが観察できてたんですけど。もう巣立っちゃった可能性もありますね。今シーズンはどの種の海鳥たちも早めに巣立ちを迎えているみたいなんです」

「赤岩」から対岸のウミガラスの営巣地を観察する小野宏治さん。モニタリング調査は地道だが、実効性ある保護対策のために欠かせない重要な仕事だ。（2002年7月18日、北海道天売島で）

岸壁の割れ目の奥に並んでいるのはウミガラスのデコイ（おとり）。かつてのようなコロニーを復活させようとさまざまな活動が続けられている。（2002年7月18日、北海道天売島で）

申し訳なさそうな表情の小野さんに、わたしは
「いやあ、ここまで連れてきてもらえただけで、もう十分、大感謝ですよ」

と、ささやき声で答える。

じっさい、目当ての鳥が一種くらい見つからなくたって、この季節の天売島は、自然好き・野鳥好きならとても興奮を抑えきれない素晴らしい風景なのだ。振り返って沖に目をやると、わたしたちのボートの接近に怯えて先ほどまでちりぢりになっていたたくさんの海鳥たちがふたたび自由にふるまい始めている。

凪《な》いだ海面にぷかぷか漂っているのはケイマフリ（ウミスズメ科）たちの群れだ。英名「**spectacled guilmot**（眼鏡をかけたウミスズメ）」が示す通り、目のまわりの白い縁取りのような模様が第一の特徴である。望遠レンズ越しにじっと見ていると、数十羽がおおざっぱに群れ集いつつ、その中で決まった二

耳に心地よい鳴き声を交わしながら海上の散歩を楽しむケイマフリのカップル。だがこの海鳥も数少なくなっているという。（2002年7月18日、北海道天売島で）

羽ずつが一組になってゆっくり移動しているのが分かる。カップルはつかず離れず波間に揺れながら、ときおり大口を空に向けて「ピピピピ……」と甲高い声で呼び合っている。

「ケイマフリも少なくなってるって聞きましたけど、今日は結構たくさん出てきてるんじゃないですか？」

と小野さんを振り向くと、すかさず

「こっち側の群れで五一、あっちの群れが三六。今シーズンの最多カウントですよ」

と弾んだ声が返ってきた。デコイを並べた岩窟ばかり観察していると思わせて、いつの間にか背中側の海面の鳥もちゃんと数えていたとは、さすがプロのバードウオッチャー。抜け目がない。

たゆたっていたケイマフリのカップルは、やがて相次いで水面を蹴った。その瞬間、蹴り足の濃いオレンジ色が紺碧《こんぺき》に映える。これがこの海鳥の第二の特徴で、ケイマフリの名前はここからついた。「赤い足」を意味するアイヌ語である。

飛び去る彼らを追って目線を上げると、ふた回りほど大きなからだのウミウたちが視野に飛び込んでくる。ケイマフリがせわしなく翼を振動させて飛ぶのに比べて、ウミウたちの飛行姿勢に萎縮した印象は皆無だ。力強い羽ばたき音を残しながら、全身の筋という筋を引き締めて空中で自分のからだをぐんぐんスピードに乗せていく。嘴《くちばし》が長く、首が長く、からだの軸と真一文字に打ちふる翼が長い。緑がかった黒い体表は水滴を完璧にはじき返して、羽毛というよりある種のウロコに覆われている印象だ。全体として爬虫類的であり、海上・海中生活に適応しきった鳥類のひとつの究極の姿を体現している。

ただしそんな彼らも、海面に突き出た岩礁に集まって日光浴している様子はひどくユーモラスである。長い首をSの字にすくめた格好で休むのだが、この姿勢をとると長い嘴が必ず仰角一五度ほどの上向きになる。狭い岩場に触れあうように並んでいると、何だか全員そろって一心に虚空をにらんでいるかのように見えるのだ。強力な水かきを備えた大きな足は、陸上を歩行するには明らかに不向きで、その歩みはアヒルやガチョウに比べてもかなりぎこちない。彼ら自身、歩いて移動するのは億劫な様子で、長時間にわたり同じ位置に立ち続けている。おかげで彼らの止まり木ならぬ止まり岩は、絶えず波に洗われているにもかかわらず、真っ白な排泄物による〝ペイント〟の消える暇がない。

ふと思いついて腰を上げると、いま座っていた丸い小岩にもやっぱり！　真っ白いペイントマークがあった。ここだけではない。わたしたちが上陸した赤岩の、鳥が止まれる程度のちょっとしたでっぱりのあらゆる場所に、コップで白ペンキをぶちまけたような痕跡が残っている。この屏風状の巨岩自体が、おびただしい数の海鳥たちの休息所（すなわちトイレット）なのだ。

あっと思ったときはもう遅かった。ザックの上にもポタリ、ポタリ。見上げるとまずウミウが飛び交っていて、その上層をウミネコとオオセグロカモメ（どちらもカモメ科）たちが、それぞれ特徴ある声を発しながら滑空している。これら中型・大型鳥の飛び交う合間を縫って、縦横無尽に空を切り裂いているのは、鋭利な鎌の形をして高速飛行するアマツバメ（アマツバメ科）たちだ。うーん、犯人はいったい——？

その時、小野さんが小声で叫んだ。

「あ、ウミガラス！」

わたしは慌てて（しかし極力静かに）小野さんの背後に回り、対岸の岩窟が望めるポジションをとった。鳥影が横切っていくのが見えた、と小野さん。だがどこに飛んでいったかはつかみきれなかったという。望遠鏡の接眼レンズに片目を当てている小野さんに、ささやき声で質問する。

「巣に戻ってきたんですかね？」

「巣の中には見えません。若いやつが近くをうろうろしているだけかもしれない。巣立ちの時期にはそういうことがありますから」

さらに一五分が経過した。集中力なく早くも双眼鏡を別の場所のウミウ

ウミガラスは海に面した岩場に集まって集団で繁殖する。だが、40年前に8000羽を数えたウミガラスの天売島のコロニー（集団繁殖地）は近年急激に縮小し、2002年シーズンの繁殖番はたったの5。にぎやかだったかつての様子は古い写真記録か、このように模型で再現されたジオラマでしか目にすることができない。（2003年1月21日、北海道羽幌町の北海道海鳥センターで）

に向けかけていたわたしの肩を叩いて、小野さんが低い声で告げた。目尻が下がっている。

「巣に一羽います。望遠鏡（の視野の中）に入ってます」

席を譲られて覗いたファインダーの中に、待望の姿があった。まず印象的なのは白い腹部だ。彼（もしかしたら彼女）に似せて作ったはずの隣のデコイ群とはまるで違って、輝くような純白である。白色の領域はランニングシャツの襟元のように首の下で円弧を描いてくっきり区切られ、そこから先は頭部まで漆黒のエリアとなる。その中で一瞬、つぶらな両の眼がきらりと陽光を反射した。ウミウの眼が鉤型をした長い嘴の付け根にごく接近してついているのに比べ、ウミガラスの眼はやや上方・後方に位置している。そのせいかペンギンにも似て（注）、どこか哺乳類的な親近感がある。これがオロロン鳥——！

さきほど「目当ての鳥が一種くらい見つからなくたって」と書いたのは負け惜しみである。オロロン鳥＝ウミガラス（ウミスズメ科）の実物を初めて目にし、しばらく後、岩窟の奥から一羽のヒナが一瞬顔を出したのを確認し、また「フラララ……」と尻上がりに音程を高めていくユニークな鳴き声（オロロン鳥とあだ名さ

※注　「ペンギンにも似て」というのは、実は本末転倒な表現である。そもそも「ペンギン」は、北太平洋に広く分布していた大型の飛べない鳥、オオウミガラス *Pinguinus impennis* の呼び名だった。ウミガラスと同じウミスズメ科の海鳥である。大航海時代、南半球に乗り出したヨーロッパ人たちが、そこで初めて見つけた太った飛べない海鳥を「ペンギン」と呼んだのは、その姿がオオウミガラスにそっくりだったからだ。オオウミガラスは一八四四年に絶滅してしまう。人間による乱獲が原因だった。

れる由縁だ）を耳でとらえ、さらに親鳥が絶壁から飛び降りるようにして滑空し始め、黒い翼をひらめかせながら海原の向こうに消えていくのをこの目で追い終えたとき、わたしは今度こそ深い感慨を味わった。

何を大げさな、と訝《いぶか》られるかもしれない。でも次のことをお教えすればどうだろう。日本列島のうち、営巣するウミガラスの姿を見ることができるのは、毎シーズン六月から七月にかけての天売島だけである。しかもこの二〇〇二年の繁殖期は、小野さんたちプロのウオッチャーたちが綿密に探索したにもかかわらず、わずか一三羽（成鳥）しか確認することができなかった。そんな珍しい鳥なのだ。

いや、珍しいものに会えたから感激したというばかりではない。

いまから一〇年あまり前、北海道保健環境部自然保護課がまとめた『天売島ウミガラス生息実態調査報告書』（一九九一年三月）は、調査グループの寺沢孝毅氏によるこんな記述で始まる。

〈ウミガラス *Uria aalge* は広く北太平洋、北大西洋に分布するウミスズメ科の海鳥で、我が国においては北海道天売島だけに繁殖している。かつてはユルリ島、モユルリ島、松前小島などに繁殖していた記録があるがすでに絶滅しており、その経過や原因は不明である。天売島は、ウミガラスの繁殖地の世界の南限にあたり、近年、生息個体数の減少が著しく、絶滅が危惧されている。一九六三年に八〇〇〇羽生息していたものが、一九八九年には一二七羽にまで激減してしまった〉（引用者注＝出典にある引用文献注釈を省き、また数字を漢数字に書き換えた）

報告書が強く警告したにもかかわらず、天売島のウミガラスはその後も激減し続けてきた。二〇〇一年繁殖期に一七羽三番《つがい》だった成鳥の確認数が、今年（二〇〇二年）は一三羽五番。この数字がゼロであっても少しも

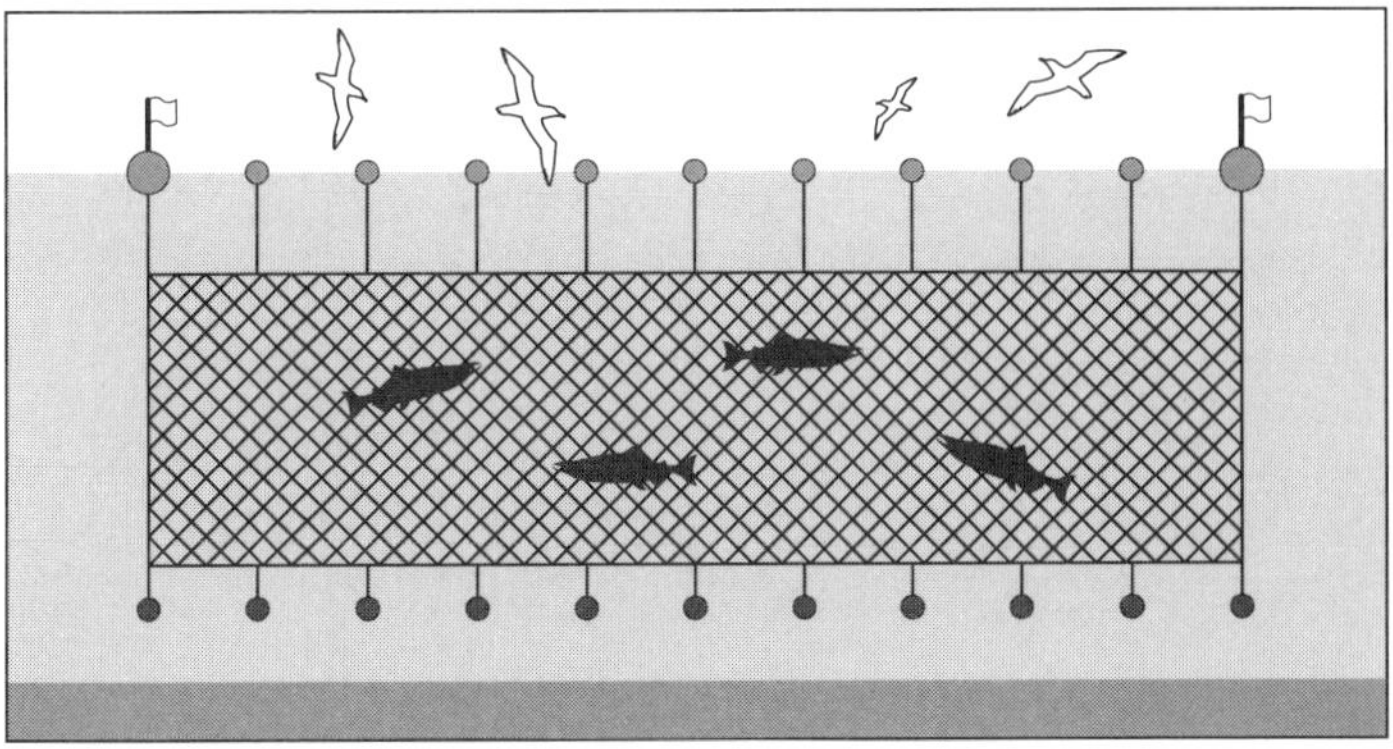

サケ・マス流し網の構造

不思議ではなかった。来シーズンはもう天売島で――つまり日本列島で――ウミガラスが繁殖する様子は観察できなくなっているかもしれない。

かつておびただしい数でこの赤岩全体を埋め尽くすほどだったという天売島のウミガラスがここまで急減してしまった原因は何だろう。先の報告書は

〈流し網、底刺し網などによる羅網、観光による撹乱、オオセグロカモメ *Larus schistisagys* などの捕食者による卵、雛《ひな》の捕食、イカナゴ *Ammodytes personatus* などの餌生物の減少〉

と列挙する。

最初に挙げられている「流し網、底刺し網などによる羅網」というのは、人間の漁師が海中に仕掛けた漁網に海中を泳ぐウミガラスたちが誤って引っかかって死んでしまう事故のことだ。天売島で繁殖していたウミガラスたちのうち、どのくらいの数がこの事故で命を落としたのかキチンと調査されているわけではない。小野さんの話では、漁業者たちは引っかかって上がってきた海鳥をたいがいはその場で網から外し、海に投棄してから寄港するため、研究者たち

がデータを集めること自体が難しいのだ。

ただ、ある種の漁網を使用しての漁業が、海鳥たちの群れにとって、わたしたちが想像するよりはるかに大きな脅威になっていることはほぼ間違いない。そのことを端的に物語る一編の論文をご紹介しよう。

「潜水追尾型」が狙われる

論文の題名は「一九九三〜一九九八年ロシア経済水域における日本漁船によるサケ流網漁に伴う海鳥の死亡」。著者は「カムチャツカ生態系・自然管理研究所」のユーリ・B・アルトゥキン博士ら、ロシアの研究者たちだ。一九九九年に露文誌『カムチャツカにおける鳥類の生態と保全』に発表され、その後、藤巻裕蔵《ふじまきゆうぞう》・帯広畜産大学教授による邦訳文が『極東の鳥類』一七号（二〇〇〇年、極東鳥類研究会刊）に掲載された。

調査の舞台はクリル（千島）列島やカムチャツカ半島を取り巻くロシア二〇〇海里内のうち、ロシア政府の管理のもと日本漁船がサケ・マス漁をしている海域である。漁船は流し網と呼ぶ反物《たんもの》状の漁網（一枚の標準サイズは八メートル×五〇メートル）を横に何枚もつなぎ合わせ、さらにそれを何セットも海面直下に敷設して、表層域を回遊するベニザケやシロザケ、カラフトマスなどを捕らえようとする。その際、同じ網に海鳥が引っかかって死亡する「混獲」について同論文は克明に報告しているのだが、事情を知らない者にとって内容は衝撃的だ。

一九九三年から一九九八年までの各漁期（五月〜七月）に、延べ三四六一枚、合計長さ一〇万一六キロメートル分の流し網を調べたところ、混獲のせいで合わせて一七万五一九〇羽の海鳥の死亡が確認された。調べた

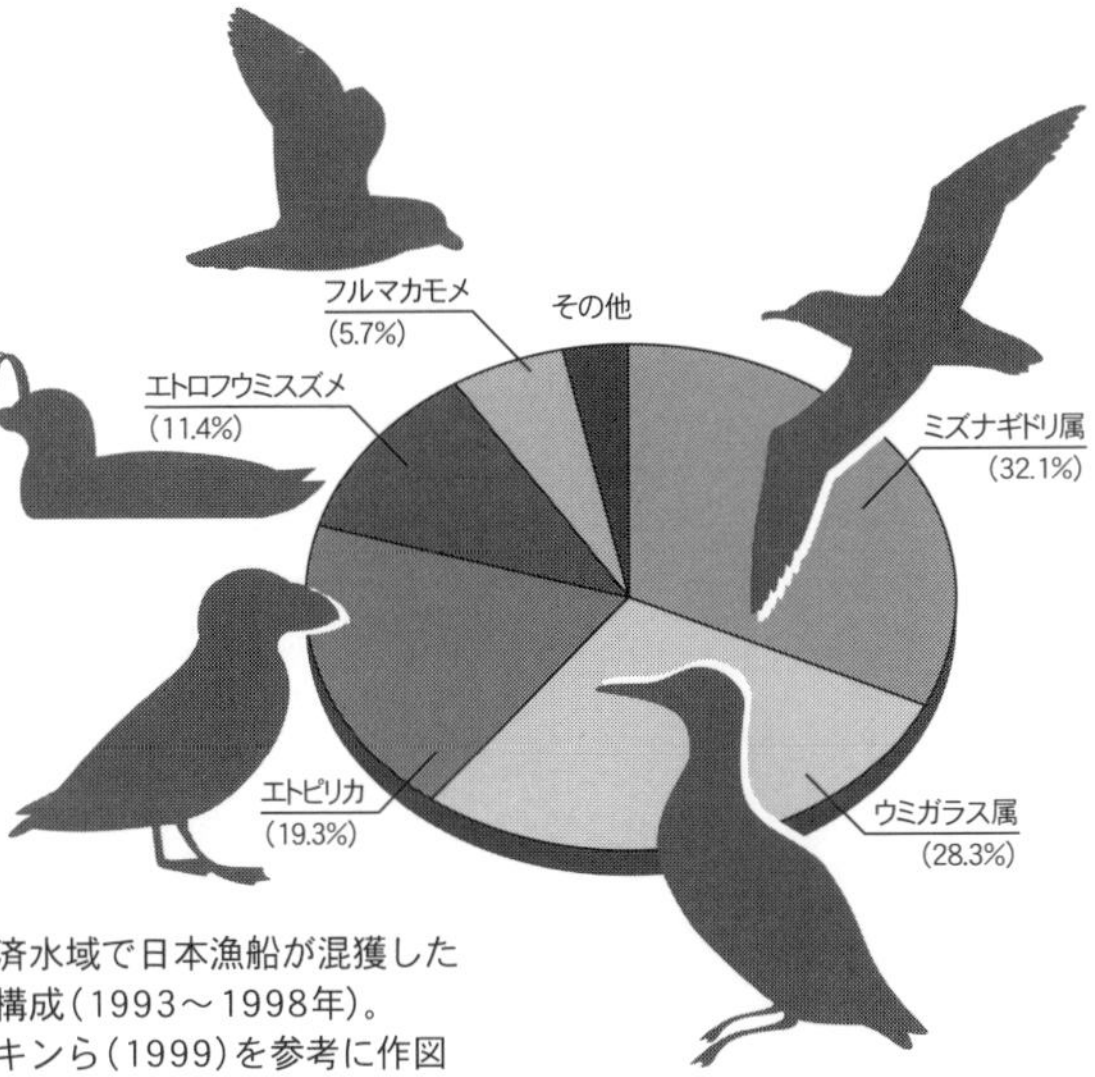

ロシア経済水域で日本漁船が混獲した
海鳥の種構成（1993～1998年）。
アルトゥキンら（1999）を参考に作図

分の網の長さがこの期間に実際に使われた流し網の延べ全長の一六%だったこと、漁区によって混獲率にバラツキがあることなどを考慮に入れて推定すると、この六シーズンだけで全死亡数は一一一万五〇〇〇羽以上、一漁期平均で一八万六〇〇〇羽にのぼった、というのである。

流し網に命を奪われているのはどんな種類の鳥だったろうか。アルトゥキン博士らは、漁網から回収した死体計四万七五〇九羽の中に計二八種を確認した。個体数割合で三二・一%を *Puffinus* 属（ハシボソミズナギドリとハイイロミズナギドリ。いずれもミズナギドリ科）、二八・三%を *Uria* 属（ハシブトウミガラスとウミガラス。ウミスズメ科）がそれぞれ占めていた。

被害に遭いやすい海鳥たちには共通の特徴があった。どの種も、生きた小魚やイカ、小エビなどを捕らえるために海中深く潜っていく習性を持つのだ。彼ら海鳥たちが潜る深度は時に水面下一〇〇～二〇〇メートルに達するという。潜水は、海洋という過酷な環境下で生き延びていくために海鳥たちが身につけた特殊能力である。しかし海中で獲物を追いつめようとしたその嘴の先にふいに幾重にも張り巡らされた漁網が現れる。いや、もしかすると鳥たちは最後までそれと気づかないかもしれない。巧妙な網の目は魚に見破られまいと透明・繊細・柔軟かつ強靭な化学繊維の糸で編まれているからだ。そんな網に羽根の一部でも絡め取られたら最後、鳥たちはたちまち溺れ死んでしまう。

サケ・マス流し網による混獲の被害に遭う海鳥の大半はこれら「潜水追尾型索餌《さくじ》」と呼ぶ食べ物の探し方をする種たちで、ほかにエトピリカ（混獲海鳥数の一九・三％、ウミスズメ科）やエトロフウミスズメ（同一一・四％、同）なども同じ理由で混獲されていた。五・七％を占めるフルマカモメ（ミズナギドリ科）は、海面に浮かび泳ぎながら食物を探す「表面索餌」専門の鳥だが、漁師たちが網を船に引き揚げるタイミングでおこぼれを頂戴しようと海面に突っ込んできてそのまま引っかかってしまうパターンで混獲されている、と同論文はいう。

とはいえ「混獲」は珍しいことではない。卑近な例では、防波堤で魚釣りをすればヒトデが針に引っかかってくる。ガーデニングで土の中のミミズをスコップで切断してしまうことだってある。それでもヒトデやミミズを絶滅させてしまうのでは、という心配は普通はしない。では海鳥の混獲はどうなのか。

この論文でアルトゥキン博士たちが危惧しているのはハシブトウミガラスのコロニー（繁殖集団）に対する影響だ。カムチャツカ半島東沿岸やその北部の大陸東岸、半島の東沖合に浮かぶコマンドル諸島などはハシブトウミガラスの一大繁殖地帯で、推定五〇万二五〇〇羽が生息している。

彼らが陸上で産卵し子育てするのは六月半ば。このコロニーのいわばど真ん中で操業するサケ・マス流し網漁は、すでに終盤を迎えている。ハシブトウミガラスは産卵期の前に長時間、沖合で採餌する習性があり、この時期この場所での流し網漁による混獲は、これから卵を産んで子育てを始めようとする世代を選択的に殺してしまっている可能性が高い。

同論文によれば、混獲による成鳥の死亡率は、自然死亡率にほぼ匹敵するという。流し網漁のせいで死亡率が倍に跳ね上がったわけだ。

いっぽう、最もたくさん混獲されるハシボソミズナギドリ（年平均六万五〇〇〇羽以上が死亡）に関しては異なる評価が下された。これほどの数の鳥たちが死亡していてもなお、かつてに比べれば現状はまだマシ、とロシアの海鳥研究者たちはむしろ胸をなで下ろしているのである。

潜水艦まで一網打尽

北太平洋で暮らす海鳥たちにとって、一九五〇年代後半から九〇年代初めにかけての約四〇年間はまさに受難の時代だった。元凶は日本の漁業である。

アジア太平洋戦争敗戦後間もなく、北洋サケ・マス漁業は日本経済復興のエースに祭り上げられた。漁場はオホーツク海からカムチャツカ半島を挟んでベーリング海に至る広い海域に設定され、大手水産資本による「母船式」や「基地式」と呼ばれる組織的漁業が繰り広げられた。とればとるほど儲かる仕組みで、外貨獲得を目的に政府も強力に後押しした。明らかな乱獲だから、漁業資源は急減したが、漁船は網の数を増やしたり、それまでとっていなかった未成魚までとるようにしたりといった〝工夫〟を重ねて水揚げを増やしていく。「地球何周分もの網が北洋に投入された」と言われる猛烈時代だ。

公海での日本のこうしたふるまいに周辺国は黙っていなかった。いわゆる二〇〇海里体制の幕開けとされる一九七八年、アメリカとカナダは、北米系（北米大陸西海岸の川で生まれる）サケ・マスを日本漁船から守るため、公海上の禁漁区を拡大し、解禁日も繰り下げる。回遊魚たちがそのエリアを通過し終わるまで解禁を遅らせれば資源を保護できると踏んだのだ。

ところがそのシーズン、漁船が期待せずに流し網を仕掛けてみると、サケ・マスの代わりに大量のアカイカが獲れた。翌年以降、周辺の公海には日本のほか韓国、台湾からもアカイカ流し網漁船が殺到することになる。北洋アカイカ流し網漁業が毎年の出漁日数平均六万三〇〇〇船・日（一隻が一日操業すると「一船・日」という凄まじさで「世界最大の漁業」となるまでに、長い時間は不要だった。

海鳥たちはこの間ずっと混獲の害を被り続ける。一九九〇年、日米カナダ共同の科学調査「オブザーバー計画」に参加した小城春雄《おぎはるお》・北海道大学大学院水産学研究科教授によれば、この年だけで三六種、計約五〇万羽の海鳥が死亡した。最もひどかったのはハイイロミズナギドリで、約三五万六〇〇〇羽が殺された。

海鳥だけではない。

「イルカ、アザラシ、オットセイなどの海棲哺乳類のほか、ウミガメ類の被害もひどかった。まさに一網打尽で、時には潜水艦まで網にかかったからね」

と、小城さんは調査当時のの様子を振り返る。

小城さんたち研究グループはこの時、北太平洋のハイイロミズナギドリの群れ全体が、長年にわたる流し網混獲によってどれほど影響を被ってきたかは判断していない。過去のデータがなく、累積的な影響を検討できなかったのだ。それでも、これらの調査結果を受けて国連は一九九二年、公海における流し網漁業を全面禁止にする。だが、最悪期は脱したとはいえ、ロシア経済水域内でのサケ・マス流し網漁がいまなお多数の海鳥を混獲している事実を伝えたのが先のアルトゥキン論文だ。

すると次に浮かび上がるのはこんな疑問だろう。ほかの海域ではどうなのか。ほかの漁具による混獲被害はないのか――？　北海道海鳥センターの小野さんはこう答える。

「日本周辺に分布する海鳥の大半が危機に瀕していると思う。流し網漁に限らず、延縄《はえなわ》漁や底刺し網漁なんかも大きな脅威です」

小野さんの研究フィールドである天売島は、人口が五〇〇人余りなのに対し、ピーク時には合わせて八種、数十万羽の海鳥が繁殖と子育てのために海から飛来してくる。ウミガラスをはじめ、ケイマフリ、ウミウ、ヒメウ（ウ科）、オオセグロカモメ、ウミネコ、ウトウ（ウミスズメ科）、そしてウミスズメ（ウミスズメ科）といった面々だ（ちなみに「海鳥」とは〈海岸や島にすみ、海面や海中で魚類などを捕食する鳥の総称。特に、繁殖期以外は陸地に近づかない鳥〉『大辞林』三省堂」のことをいう。天売島には海鳥たちだけでなく多種の「陸鳥」も生息する）。これら全部の種類が相前後して繁殖シーズンを迎える春から夏にかけて、天売島は、旋回して飛ぶ海鳥たちが作る渦の中にまるで浮かんでいるかのようなありさまとなる。

とりわけ幻想的なのは、漁師や釣り人たちが「夕まずめ」と呼ぶ日没前後のわずかな時間帯だろう。島の南西端、眼下に例の「赤岩」を望む一帯でこのとき繰り広げられる光景には、パニック映画『鳥』(一九六三年公開)を撮影したアルフレッド・ヒチコック監督もきっと息を呑むに違いない。夕焼けの水平線方向から数万羽としか数えようのないウトウたちのシルエットが、海岸沿いの急斜面をめがけていっせいに帰還してくるのだ。ノガリヤス(イネ科)やオオイタドリ(タデ科)に覆われた島の斜面は彼らの巨大コロニーである。鳥たちはこの斜面の土中にそれぞれ小さなトンネルを掘って巣をこしらえ、子育てをしている。親鳥たちは闇が迫り視力が失われる寸前まで海上で食べ物を探し続け、毎夜決死の思いでわが子たちのもとに戻ってくる。

ウトウもまた、自らを海洋生活に適したからだに進化させてきた鳥だ。着水はお手のものだろうが、着地はお世辞にも上手とは言えない。おまけにすっかり暮れなずんで頭上に一番星、二番星が瞬きはじめたいま、すでに目もよく見えなくなりかけている。下方であんぐり大口を開けてこの非日常的な光景に圧倒されている人間たちに注意を払うどころではない。コントロールの定まらないバッタ並みの飛び方のまま、茂った草むらの中にむやみに突っ込んでくる。ほとんど鳴き交わさない分、あたりからひっきりなしに聞こえ続ける「ドサササーッ」という着地音が余計に生々しい。

だが、ウトウたちが演出するこんな不思議な時間が天売島でこのまま永遠に続くとはだれにも言い切れない。同じ島内で一九六〇年代に三〇〇〇羽を記録したケイマフリは、現在ではせいぜい二〇〇羽に過ぎない。かつて八〇〇〇羽を数えたウミガラスが今年はわずかに一三羽五番しか飛来しなかったことはすでに述べた通りだ。

ウトウにも脅威は迫っている。小野さんはある時、羽幌漁港に戻ってきたカレイの底刺し網漁船が、約四〇羽のウトウを混獲して持ち帰ってきたのを目撃したという。ウトウをはじめとする八種の海鳥たちが天売島を繁殖地に選んだ大きな理由のひとつは、食べ物の豊富さだと考えられている。島の周囲の海には主食とする魚類やイカなどにあふれているのだ。しかしこのことは同時に、この海が人間にとっても魅力あふれる好漁場だということにほかならない。天売島近海には、特に魚が密度高く生息するバンク（大陸棚に形成されたなだらかな小山）があり、「武蔵堆《むさしたい》」と呼ばれて多くの漁船が集中する。人と海鳥たちが互いに資源を奪い合うあつれきの結果が混獲であり、また海鳥たちの天売島コロニーの縮小というかたちで表われているのだ。

「ウミガラスのコロニーはすでに消滅寸前ですし、ケイマフリもかなり危ない。ウトウだって安心はできません。保護対策は急務です。でも、そのためにはまず原因をきっちり特定しなければならないんですが、実際にはなかなか……」（小野さん）

現実にどれほどの混獲が起きているのか、調査するには漁業者の協力が不可欠だ。だが漁業者たちは、混獲が漁業につきものであること、従ってどんな混獲防止策も多かれ少なかれ漁業制限につながることを知っている。

拙稿を準備するにあたり、太平洋や日本海における海鳥混獲に関する文献資料をあちこち探し回ったが、外国のものをインターネットなどで比較的容易に収集できた

「研究対象に決めた海鳥が絶滅しそうなのを黙って見ていることはできません」と話す小野宏治さん。（2001年10月26日、北海道羽幌町で）

のに比べ、肝心の日本近海における日本漁船による混獲について書かれたものはほとんど発見できなかった。問い合わせたどの研究者たちも「とにかくデータ不足」と嘆くばかりだ。アルトゥキン博士や小城教授が信頼に足るデータを収集できたのは、外部の調査員たちが日本漁船に乗り組んで調べることができたためだが、漁船が調査員を受け入れた背景には、いずれも強い外交的圧力があった。

混獲の実態調査、ひいては海鳥保護対策に、日本漁業界は分厚い壁となって立ち塞がっているのだ。

隠蔽体質を払拭するには

そんな「壁」を覆い守っているように見えるのが水産庁だ。

環境省は二〇〇一年一〇月、北海道に分布するエトピリカとウミガラス（どちらも環境省レッドリスト絶滅危惧ＩＡ類）を対象に「絶滅のおそれのある野生動植物の種の保存に関する法律」に基づく保護増殖事業計画をまとめた。この法律は対象種の生息地域を丸ごと保護するというのが特色で、土地利用などの管理も欠かせないため、保護増殖事業は環境省がほかの省庁と「共管」で進めるのが通例だ。ところが今回は、混獲対策を主眼に水産庁に共管を打診したものの、「最後まで調整がつきませんでした」（環境省自然環境局野生生物課）。被害程度のハッキリしない混獲対策を漁民に強いるより先に陸上の繁殖地保全策などを尽くすべき、というのが水産庁の言い分なのだ。

だが、混獲被害の規模がハッキリしないそもそもの原因は、前述のように水産業界サイドの非協力的な態度にある。

アジア太平洋戦争中休止していた北洋サケ・マス漁業が一九五〇年代に再開して九二年に終焉《しゅうえん》するまで、水産庁は外圧から国内業界を守ろうとする防波堤役に徹してきた。自然保護運動の高まりから、欧米が海鳥や海棲哺乳類の混獲問題を重視し始めたのは一九六五年ごろだが、日本漁船の北洋での混獲実態を明らかにせよという米国などからの要請に、わが水産庁が積極的に応じることは最後までなかった。

抗しきれずデータを公表する場合も、水産庁内部では不都合な数字の隠蔽《いんぺい》や改竄《かいざん》が当たり前のように講じられていた、と証言するのは、北洋サケ・マス資源解析の専門官として何度も国際交渉に臨んだ佐野蘊《おさむ》・水産庁水産研究所元所長だ。

「日本はいつもおかしい、と米国側に言われたこともある。国際協議の場で恥をかいてきたんです」

国際的な非難はいま、日本漁船による延縄漁業に向けられている。漁場は近海から太平洋・インド洋・大西洋におよび、餌付きの釣り針を無数に垂らした長大なロープを海面に浮かべてマグロ類（サバ科）などの大型魚を狙う漁業だ。この釣り針に、表面索餌タイプのアホウドリ（アホウドリ科）などが混獲されているのである。

国連食糧農業機関（FAO）が設定した国際行動計画に応じて、水産庁が「はえ縄漁業における海鳥の偶発的捕獲を削減するための日本の国内行動計画」を作成したのは二〇〇一年二月。日本の水産史上初めての混獲防止政策だという。

「（自主対策が何もなかった）流し網の反省は庁内にもある。延縄で二の舞を演じることだけは避けようという思いでこれを作成しました」

と、計画をまとめた水産庁増殖推進部生態系保全室の小泉満代《みちよ》・国際係長は話す。

だが、日本の延縄漁が現状どれほどの被害を海鳥たちに及ぼしているのか、具体的な数字はまたしても未公表のままだ。この行動計画によって何年後に何割ぐらいの被害抑制を目指すのかと質問しても、明快な答えは返ってこなかった。挙げ句、

「漁業者自身に混獲データの提出を求めても信憑性に欠けますし……。一朝一夕には（効果を上げることは）無理でしょうね」

とトーンダウンされては、水産庁はどこまで〝改心〟したのかと訝らざるを得ない。

現代的な漁業では、完全に禁漁にしてしまう以外に混獲ゼロを達成するのは不可能だろう。けれど漁期や漁区の調整などを駆使すればある程度の被害抑制は可能なはずだ。日本がこれからも漁業を続けていくつもりなら、選ぶ道はこれしかない。

まず海鳥たちの生活ぶりをモニターし、同時に漁船の操業状況もモニターし、両者がいつどこでどのように「摩擦」を起こしているのかを見極める必要がある。あとはこうした情報をもとにワイルドライフ・マネジメント（野生動物保護管理）——保全と利用のバランスをとる技術——を行なえばよい。対象とする地域個体群を少なくとも絶滅はさせないという程度まで、この地域での漁船操業をコントロールするのだ。混獲を完全にゼロにはできないが、相手を絶滅させないことがはっきりするだけでも、漁業者や消費者の感じる「後ろめたさ」はずいぶん軽減されるはずだ。もちろん種の絶滅も防ぐことができる。

天売島では赤岩のポイントなど三カ所で、デコイによるウミガラスのコロニー復活作戦が継続されている。

8種合わせて数十万羽の海鳥たちがコロニーとして利用する天売島には、まさに「海鳥の楽園」の形容詞がふさわしい。ウニ漁などの沿岸漁業とも長く共存できてきたのだが……。(2002年7月18日、北海道天売島で)

集団で繁殖する習性を逆手に取り、かつてコロニーだった場所に作り物のデコイを並べて本物の鳥たちを呼び寄せる作戦だ。ウミガラスは北海道北部海域からロシア極東部、さらにカナダやアメリカ西海岸沿いまで広く分布する。天売島近海で冬季にサハリン・チュレニー島生まれのウミガラスが確認されるなど、鳥たちは繁殖期以外には広く海上を行き来しているようだ。デコイ作戦でそんな鳥たちを天売島に誘い込めれば、そのまま再コロニー化につながる可能性は高い。

残念ながらこれまでのところ効果はあまり上がっていないが、アメリカ・サンフランシスコ沖での最近の成功事例を参考に小野さんたちが苦労を重ねているところだ。しかし、仮にデコイ作戦が功を奏したとしても、その近海が海鳥たちにとって相変わらず「危険ゾーン」のままだったら、おびき寄せたウミガラスたちの命をかえって奪ってしまう可能性もある、と小野さんは注意深く話す。

「可能なことからとにかく始める」というのもいいだろう。だが、わたしたち人間の社会が本気でこれからも鳥たちと「共存」してゆく道を選ぶとするなら、解決すべきいくつもの問題点をきちんと把握・整理して、優先度の高い順に片づけていく必要がある。

むろん利害は絡むのである。だからこそ、その調停手段であるワイルドライフ・マネジメントは間違いなく行政機関の仕事なのだ。新しい水産基本法（二〇〇一年制定）で「水域の環境や生態系の保全」を謳《うた》い上げた水産庁こそ挙手すべきだろう。

「日本の責任は大きい」

と小野さんは言う。

「温暖な気候にせよ豊かな漁業資源にせよ、世界の海鳥の三分の一に当たる約一〇〇種を見られることも含めて、日本列島ほど海の恩恵を受けてきた地域はないと思うんです。反面、海鳥の保全はまだほとんどできていませんが、専門家として市民の関心を高めることから始めていきたい」

日本が「水産大国」を名乗り続けることを、これ以上恥じずに済むかどうか。それは海鳥たちに向けるまなざしによって決まる。

主要参考文献

◆北海道保健環境部自然保護課『天売島ウミガラス生息実態調査報告書』（一九九一年、一九九二年）

◆Yu. B. Artukhin ほか「一九九三〜一九九八年ロシア経済水域における日本漁船によるサケ流網漁業に伴う海鳥の死亡」（極東鳥類研究会『極東の鳥類』一七号収録、二〇〇〇年）
◆藤田剛、樋口広芳「北太平洋での漁業による海鳥類の死亡状況」（日本野鳥の会『Strix』第一〇巻収録、一九九一年）
◆佐野蘊『北洋サケ・マス沖獲り漁業の軌跡』（成山堂書店、一九九八年）
◆小城春雄ほか「北太平洋の流し網漁業による海鳥類の混獲死亡」（北太平洋漁業国際委員会『研究報告』第五三号、一九九四年）
◆寺沢孝毅「ウミガラス」（日高敏隆監修『日本動物大百科3鳥類I』に収録、平凡社、一九九六年）

Reportage 2.

ジュゴンは軍隊と共存できない

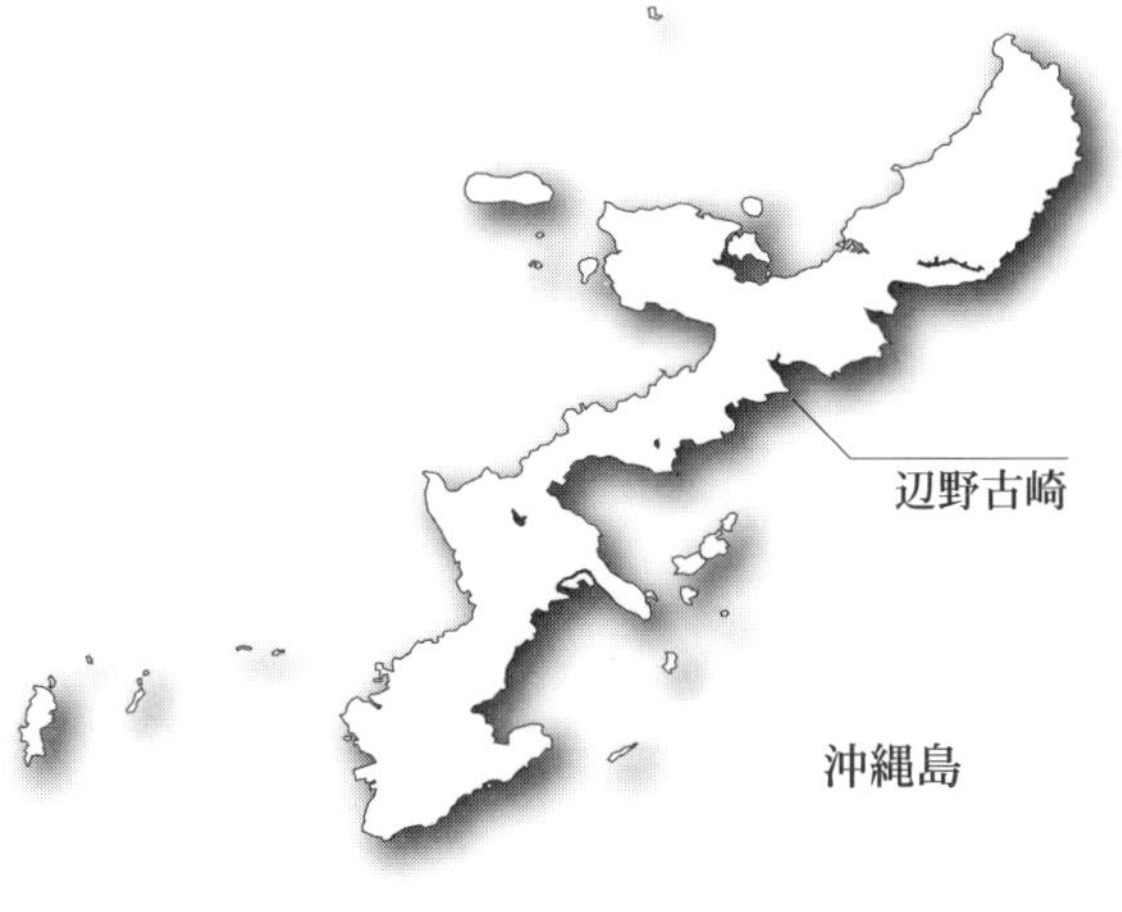

～基地建設に揺れる「北限の生息地」

基地の眼前に「北限の生息地」

ボートがうねりを乗り越えて着水するたび、船縁《ふなべり》を握りしめた右腕を波しぶきが濡らしていく。最初の飛沫を浴びて驚いたのは海水の温かさだ。厳冬の北海道からやってきたばかりの身には、この朝九時に早くも二二度に達したここ沖縄県名護《なご》市の陽気はまるで初夏だ。沖に出て風がやや強まったものの、寒気を覚えるほどではない。それどころか、さっきからジャケットの袖を濡らし続ける海水は気温よりさらに温かく感じられる。遠くに見渡す海面は明るい薄緑色だ。青空の映り込んだ海面に海底のサンゴの白砂が透けているためだ。

ジュゴン（ジュゴン科）を育んできたのは、こんなに温暖で美しい南国の海である。

ジュゴン――世界各地に伝わる人魚伝説のモデルとも言われる海棲《かいせい》哺乳類だ。漢字は「儒艮」と当てるが、もともと大和《やまと》言葉ではなく、その語源はマレー語の duyung（デュユン）だとされる。意味は「きれいな娘さん」。

……と書くと、この動物を目にしたことのない人は、そんなに姿麗《うるわ》しい生き物なのかと想像を膨ませるかもしれない。けれどいっぽう、分類学者はこの動物のグループに「カイギュウ目」という身も蓋もない名前を与えてしまっている。カイギュウは「海牛」である。ジュゴンは英名も sea cow、つまり海の雌牛《めうし》と呼ばれているのだが、「きれいな娘さん」と「海の雌牛」と、どちらがジュゴンの実像を冷静に伝えているかといえば、残念ながら（?）後者であろう。

とはいえジュゴンは「癒《いや》し系」の人気者だ。国内で唯一、この珍獣を飼育している鳥羽水族館（三重県鳥羽市）の展示室を訪ねてみると、ジュゴン水槽に多くの入場者が引きつけられているのが分かる。ミュージアム

「ムーミンだ」「かわいい」――ジュゴンが泳ぐ水槽前はいつまでも人の列が切れない。（2001年12月29日、三重県鳥羽市の鳥羽水族館で）

ショップの棚にはジュゴンをかたどった縫いぐるみや風船人形がたくさん並んで、こちらも子供たちが列を作っていた。

そんなジュゴンの故郷のひとつがここ、名護なのだ。

二〇〇一年一二月一六日、名護市内で開かれた環境保全シンポジウム（世界自然保護基金日本委員会＝WWFジャパン主催）に参加するため東京などからやってきたパネリストたちが、翌朝「ジュゴンのすむ海」のウオッチングに船で出掛ける計画だと聞き、頼み込んで割り込ませてもらった。日本自然保護協会常務理事の吉田正人さん、日本獣医畜産大学野生動物学教室講師の羽山伸一《はやましんいち》さん、それにWWFジャパンのスタッフたちといった一行である。

案内役を買って出てくれたのは、名護市東海岸の瀬《せ》嵩《だけ》地区でネイチャーガイドを営む東恩納琢磨《ひがしおんなたくま》さん。市民グループ「ジュゴン保護基金委員会」の事務局長の肩書きもある。前夜のシンポジウムで地元代表のひと

りとして講演し、
「僕たちは、ここに〝ジュゴンがいる〟という環境を大事に残していかなければならない。どうすればいいのか、まだ見えないけれど、何か始めることで見えてくるものがあると思ってます」
と、地域おこしも視野に入れた「ジュゴンの里づくり」構想を発表した。

明けて今日、船遊びに絶好のうららかな日よりである。午前一〇時少し前に名護市東海岸の汀間《ていま》漁港を出航して約三〇分後、わたしたちを乗せた白いボートは東恩納さんの巧みな操作で「長島《ながしま》」と呼ぶ小島に接岸し、錨を降ろした。

長島はその名の通り、海上に頭を出した細長い形の岩礁が二つ、わずかに離れて一列に連なった形をしていて、東寄りの比較的幅広い方の岩上には白いタイル張りの「長島燈台」が造られている。岩礁二つを合わせても周囲一キロメートルに満たない小さな無人島だ。ミニサイズの突堤一本の船着き場から燈台の建つ高みまで、コンクリートの階段をほんの一〇歩ほどで駆け上がることができた。燈台の脇を抜けて、いま出港してきたばかりの沖縄島を振り返ると、逆三角の形に張り出した辺野古崎《へのこざき》がすぐ眼前に迫る。岬の頂点まで一キロメート

船を操る東恩納琢磨さん。自然ガイドとして「ジュゴンの棲む自然環境を大事にしながら地域をおこしていければ」と話す。(2001年12月17日、名護市辺野古沖で)

ジュゴンの生息する海を挟んで、辺野古崎のキャンプ・シュワブが間近に迫る。（2001年12月17日、名護市辺野古沖の長島から）

ルを切る近さだ。海辺を縁取る白砂のビーチが輝くように見えて美しい。だがもっと目立つのは、整地した丘全体を占拠するように整然と並ぶ直方体の建物群だ。

「キャンプ・シュワブですよ。その奥が辺野古弾薬庫」

と、傍らのWWFジャパンのスタッフが説明してくれる。ええっ？　ジュゴンは米軍基地のこんなそばに棲んでいるの——。信じられない気持ちのまま、海に目をやる。

「ほらあそこ、白波が立っているでしょ。満潮時間だからいまは海の下だけど、あれがリーフです」

東恩納さんが指さした西方向に目を凝らす。高みから見下ろすと、蒼い海面のところどころに輪郭の曖昧な薄緑色のスポットが浮き上がって見え、そこが水深の浅いリーフになっていることが分かる。リーフとは、サンゴ類が形成する暗礁のことだ。リーフは断続的に列をなしているようで、一定の高さ以上に発達したリーフでは、海面が割れて白波が立っている。砕けた

「あのあたりに滑走路ができる計画です」。東京から名護を訪れた羽山伸一さん（右端）、吉田正人さん（右から2人目）たちは「普天間代替施設」について地元の東恩納琢磨さん（中央）から説明を受けた。（2001年12月17日、名護市辺野古沖の長島で）

波の白い線もまた、列を作るように続いていて、その白い線は辺野古崎の南側の海岸線とほぼ平行して走っている。さらに視線を巡らせると、辺野古崎の東側の海岸線の沖にも同様の白波の連なりが見えた。

リーフのこのような連なりは、海底の起伏を表した海図を読むとより明確になる。沖縄島の海は、島をぐるりと取り囲むように、海岸線から数百メートル～数キロメートルの沖合にリーフが断続的に続く独特の地形をしている。海岸からリーフまでは水深一〇メートル前後と浅いのだが、その先はいきなり急峻な斜面となり、島の太平洋側は「琉球海溝」（最深部七七九〇メートル）まで一気に落ち込んでいく。つまり、リーフが囲むわずかな幅の水域は、島を取り巻く浅海の回廊を形成しているというわけだ。この回廊こそ、「世界最北のジュゴン生息地」だという。

「リーフ内のその浅い砂地に、海草《うみくさ》という植物が生えているんです」

と、東恩納さんは続けた。隣から、

「ジュゴンは下に向いた口をシャベルみたいに使いながら、海草を根こそぎすくい取るように食うんですよ」

と補足してくれたのは、日本自然保護協会の吉田さんだ。昨日のシンポジウムで吉田さんは、

「ジュゴンをはじめ自然環境は人類の共有財産です。わたしたちは恵みとして、その利子を使わせてもらっているに過ぎません。元本《がんぽん》まで食いつぶすような権利はだれにもありません」

と聴衆たちに訴えていた。

話を「ジュゴンの口」に戻そう。それが（ヒトから見て）どれほど特殊な構造であるかは、骨格を見るのがてっとり早い。後日訪ねた名護博物館（名護市）で、わたしは沖縄産ジュゴンの全身の骨格標本を間近でじっくり観察する機会に恵まれた。水中生活を送るために進化した体つきはもちろんのこと、その頭骨（ここでは、頭蓋骨と下顎骨《かがく》そのほか頭部を構成する骨のワンセットをこう呼ぶことにする）も、ヒトやイヌ、ウシ、ウマといった比較的見慣れた哺乳類たちのそれと大きくかけ離れている。参考書を調べてみたらトドやアザラシ類の頭骨とも全く違う。何しろジュゴンの頭骨は眼窩《がんか》（眼球の収まる穴）の位置さえよく分からないくらいなのだ。もし部品をバラバラに並べて出されたりしたら、とても組み上げられそうにない。

この立体パズルで唯一ヒントになりそうなのは牙と歯だ。牙や歯の生えている部品は二種類。どちらかが上顎、もういっぽうが下顎というわけだ。両者が噛み合うように組めばよい、ということも分かる。

答えをちょっと明かせば、二つを見比べて牙のあるほう、強いて言えばスプーンに見えないこともない形をした骨が頭蓋骨（ここでは、頭頂骨から鼻骨を経て上顎骨に至る部品をいう）である。伏せて置いた匙《さじ》の部分

に脳が収まるのだが、これはお世辞にも大容量とは言えない。ジュゴンの脳は体格に比べて小ぶりで、重さは三〇〇グラムほどだという（ヒトは一三五〇グラム前後）。

さて、肝心の口である。このスプーンの柄は短く、おまけに根本からほぼ直角（正確には約七〇度）に下に向けて折れ曲がっている。ここが外見上、ジュゴンの鼻面に見える部分だ。その折れ曲がった柄の末端から立派な牙が一対、くっつき合いそうに並んで生えている。互いの牙は先に向かうにつれ心なし外側に反り返りながら、真下に向かっている。でも待てよ、ジュゴンに牙があったかしら……？

ともあれパズルを続けよう。この牙と、もういっぽうの下顎骨がちゃんと噛み合うと早合点してはいけない。下顎骨のほうもじっくり観察してみよう。こちらも頭蓋骨と同じくらい巨大でがっしりしている。しかし何より常識外れに見えるのは、下顎骨が口先に向かうにつれ、下に大きく折れ曲がっていることだ。おまけにジュゴンの下顎は、ヒトやウマのそれのように「モノを受ける形」にはなっていない。どう見ても、ただの平板なのである。

下顎骨に生えている歯はごく貧弱な臼歯で、口先からずいぶん奥まった場所にささやかに並んでいるに過ぎない。この奥歯が噛み合うのは、上顎骨の奥にこちらもちんまり並んでいる小さな臼歯である。だが、これら上下の臼歯が噛み合うように顎の関節を組み合わせると、下顎骨の下向きに折れ曲がった「ただの平板」は、上顎骨の「折れ曲がったスプーンの柄」にただ沿うばかりで、牙の先端を受けることはできない。そう、ジュゴンの上顎の牙には、噛み合わせる先がないのである。

この頭骨に肉と皮を被せたら、上顎の牙だけが口の前に飛び出した「出っ歯」の生き物ができ上がりそうだ。

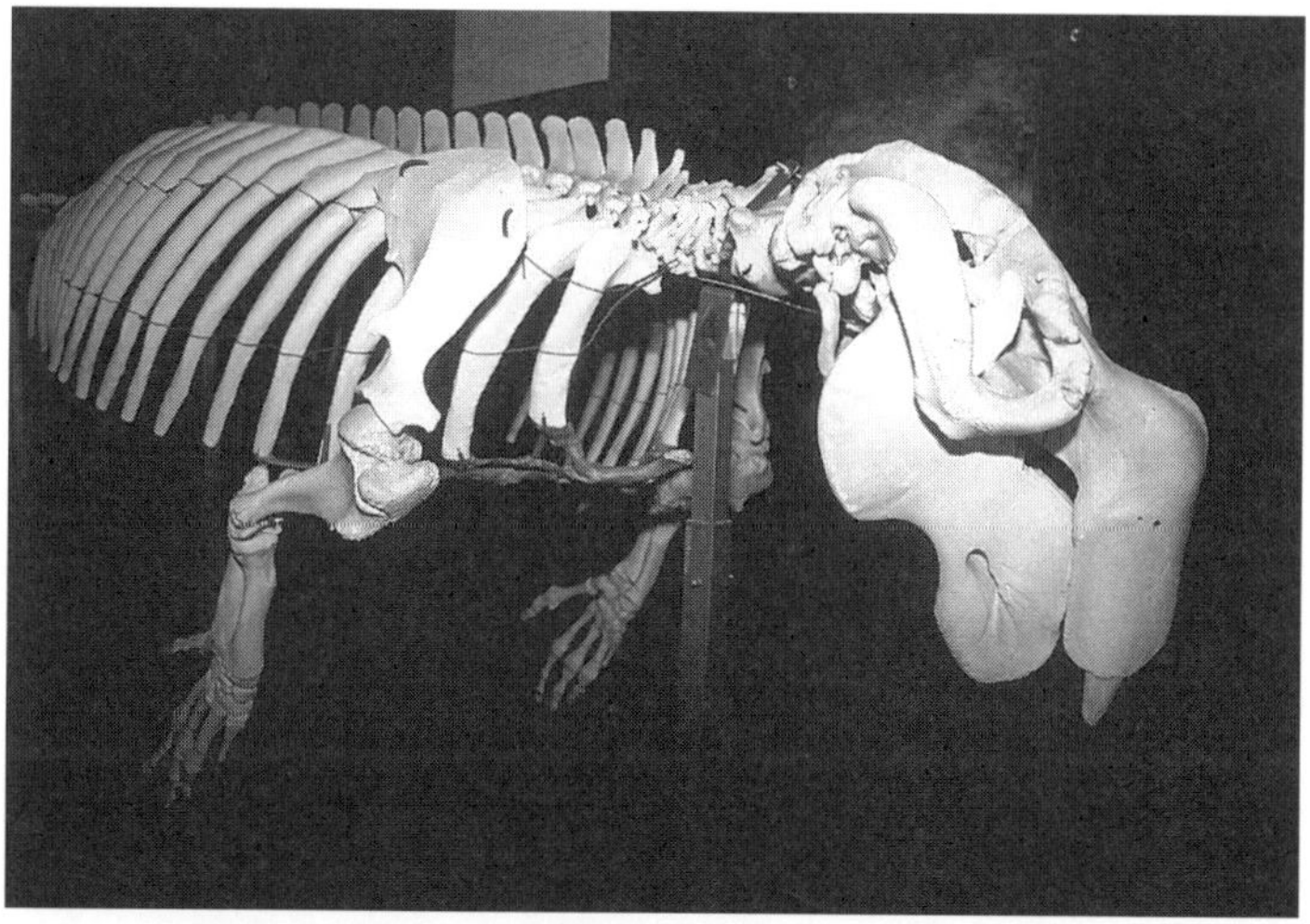

ジュゴンの骨格標本。海底に生える海草類を食べることに特化した顎が大きな特徴だ。（2001年12月18日、名護市の名護博物館で）

しかし実際のジュゴンは出っ歯には見えない。なぜなら、ジュゴンの口の周辺は、とりわけ上唇に当たる部分で筋肉が非常に発達して、牙の大部分を隠してしまっているからだ。さきほど、頭蓋骨先端のスプーンの柄の折れ曲がった箇所を「外見上、ジュゴンの鼻面に見える部分」と書いた。実はここは鼻面ではなく、馬蹄形あるいはハートを逆さまにした形をした上唇なのである。いやあそれにしても、もし白骨死体遺棄事件の被害者がジュゴンだったら、「復顔」作業は困難を極めるに違いない。

「ジュゴンの口元」に関するもうひとつの特徴は、口の中に「咀嚼《そしゃく》板」と呼ばれる独特の組織を持っていることだ。骨ではなく角質《かくしつ》（シカの角やヒトの毛やスズメの嘴などを形成しているのと同じ物質）からなり、上顎の牙のまわりと、下顎骨前方の「ただの板」の上に大きく発達している。残念ながら今回の取材では実物のジュゴンの口の中を覗くことはかなわなかったが、標本写真を見ると、上顎の咀嚼板は牙のごく先端を除く大部分を覆い、牙先のさらに前方にまで延びているのが分かる。文章で説明するのが難しいのだが、ボクサーが口にマウスピースをはめた状態と言えば、あるいは近いイメージを思い浮かべてもらえるかもしれない。いずれにせよ、これではジュゴンの口元で牙が目立たないのも道理だ。上下の咀嚼板の表面はオロシガネのようになっていて、互いに面と面をこすり合わせるようにして食べ物（海草）を咀嚼するのだという。とすると、ジュゴンの牙はその先端を掘削や攻撃に使うことより、もっぱらこの咀嚼板を支えるために存在するといえるかもしれない。彼らは空腹を覚えると、平らに広げた逆ハート型の上唇を海底面にピッタリ密着させるようにして海草を探す。そうしてこそぎ取った海草を咀嚼板ですりつぶしながら飲み込むのである。

さて、沖縄の浅い砂地の海底にはリュウキュウアマモ（ベニアマモ科）、リュウキュウスガモ（トチカガミ科）、ウミジグサ（ベニアマモ科）、ベニアマモ（同）など、九種類の海草類が生育している。海草は「水生顕花植物」と呼ばれる被子植物の仲間で、胞子でふえる海藻《かいそう》（藻類）とは違う種類だ。そして、この海草類しか食べないこともジュゴンの特徴のひとつである。秘密を打ち明ける子供のような笑顔を浮かべながら、東恩納さんがこう語る。

「朝、船を出すと海面にクサが浮かんでいることがあるんですよ。すると、ああ、ゆうべジュゴンが来てたんだなって分かるわけ」

来遊するウミガメがその葉先だけを食いちぎっていくのに対し、ジュゴンは海草の根元まできれいに食べていく。海底に広がる海草の「草原」に一筋鍬《くわ》を入れたように残るその食痕《しょっこん》は「ジュゴン・トレンチ（ジュゴンの溝)」と呼ばれ、この不思議な海棲哺乳類の生態を潜水して調べる際の重要な手がかりになるそうだ。

とはいえ、沖縄の海では、食事をしている最中のジュゴンを実際に観察するのは難しい。それどころか、海上で野生個体を目撃することすら容易ではない。もしやジュゴンが現れやしないかと海面を睨み続けるわたしたちに、

「もし赤っぽい茶色の物体が浮いていたら、ジュゴンかもしれないよ」

と教えてくれた東恩納さんだが、ニヤニヤしながらこうつけ加えるのを忘れなかった。

「まず見つからないと思いますけどネ」

半年ほど前、ジュゴン保護基金委員会のメンバーたちは、この近くの別の無人島で野営しながら二四時間体制で一週間、ジュゴンが現れないかと海面を見張ってみたのだという。

「やっと一頭、波間に浮かんでいるのを仲間が見つけたんだけど、俺は船で荷物運びしてる最中で、見逃してしまったんだよね」

と東恩納さんは苦笑した。

ジュゴンはオトナの体長が二・五メートル前後。イルカのように空中をジャンプするわけでも、クジラのように背びれや尾びれを海上に突き出して泳ぐわけでもない(そもそもジュゴンには背びれがない)。上陸して子育てする習性もない。反撃手段を持たないせいか、人やモノの接近に敏感で、モーターボートや航空機の爆音に気づくと海面からたちまち潜行してしまう。そのうえ沖縄のジュゴンたちは、昼間はリーフの外海で過ごし、海草のあるリーフ内にやってくるのはもっぱら夜だという。人間との接触を嫌ってのことらしい。

なぜ沖縄のジュゴンを守るのか

しかし何といっても、地元の人びとでも滅多にお目にかかれない最大の理由は、個体数が極端に少ないことだ。

科学者たちがつくるジュゴン研究会（代表＝粕谷俊雄《かすやとしお》・帝京科学大学教授）の調査報告書「日本産ジュゴンの現状と保護」（一九九九年、二〇〇〇年）によれば、一九九六年から一九九八年三月の間の沖縄島周辺におけるジュゴン目撃例はたった一四例に過ぎない。同研究会は目撃海域を中心に一九九八年四月、海上一五〇メートルの高さをセスナ機で飛行しながら数日かけて延べ四八九平方キロメートルの範囲をくまなく探索したが、ジュゴン発見はわずか一〇回にとどまった。サンプル数が少なすぎて生息数の推定すらできず、ただ「小個体群が周年生息する」ことを明らかにするのが精一杯という状況だ。

「呑気に構えていられる段階はとっくに過ぎてるんです」

と、海面からの反射光に目をすがめながら話すのは、日本獣医畜産大学の羽山さんだ。

「このままじゃほんと、トキの二の舞ですよ」

ただ、ジュゴン研究会の調査による一〇回の発見ポイントは、いずれも国頭村《くにがみそん》安田《あだ》からここ辺野古崎を挟んで金武《きん》湾に至る国頭郡地方東沿岸に集中している。ジュゴン・トレンチの発見場所も同様だ（49ページの地図を参照）。ごく小規模な集団ながら、ここ長島をほぼ中間点とするざっと六〇キロメートルの海の回廊が、沖縄島のジュゴンたちの生活の主舞台であることは間違いない。

地球全体を見渡すと、ジュゴンの個体数は世界中合わせて推定一〇万頭あまり。オーストラリア北部に約八万三〇〇〇頭、アラビア半島に約七〇〇〇頭、インド洋から東南アジアを経て生息北限の沖縄に至るユーラシア沿岸部に合わせて約一万五〇〇〇頭が生息しているとみられる。

そんなにたくさんいるなら、沖縄の小さな個体群が消えても心配ないのでは？　という声が聞こえてきそうだが、それは思い違いというものだ。沖縄個体群の消滅を傍観することは、この島々の豊かな生物多様性の重要な構成要素を投げ捨てることに等しい。

沖縄から最も近い分布地だった台湾沿岸の個体群はすでに絶滅してしまった。一頭のジュゴンの行動範囲の狭さ（おおむね数十キロメートル四方。注）からみて、いまや沖縄個体群はほかの生息域からひとり孤立してしまっている可能性が高い。つまり、この「北限の生息地」が消えれば、世界の分布地図も一挙に縮小してしまうことになる。おまけに、遺伝的に近い関係にあると推定されているフィリピン・中国・沖縄のジュゴンたちのいずれもが危機に瀕しているが、いわゆる「先進国」に属するのは沖縄の個体群だけだ。

※注　二〇〇二年一〇月四日、熊本県天草諸島沖の定置網に混獲された大型動物がジュゴンと判明し、大きなニュースになった。もちろん、それまでジュゴンが確認されたことは一度もなかった場所である。この個体がどこから来遊したかは不明だが、もし沖縄からだったとすると、その間ざっと七〇〇キロメートルを移動してきたことになる。なお、このジュゴンは手厚く保護され間もなく放流された。しかし五日後の同九日、近くで今度はジュゴンの死体が発見され、同じ個体である可能性が高い、といわれている。

「早急に東アジアのジュゴン・ネットワークを作って、情報交換しながら全体的な保護対策を講じる必要があると思う。それをリードすべきなのは、やはり日本です」

と羽山さんは語った。

では、具体的にはどんな保護対策をとるべきだろうか。トキ（トキ科）で試みたように、沖縄の海に残る野生個体を片端から捕獲してすべて飼育下におき、人工的に増殖させるというプランはどうだろう。

後に訪ねた帝京科学大学アニマルサイエンス学科（山梨県北都留郡上野原町）の研究室で、ジュゴン研究会代表の粕谷さんは、

「水族館に入れればいいというアイディアは、わたしには自然保護だとは思えない」

と否定的な見解を述べた。

「これまでジュゴンの人工繁殖に成功した例は世界のどこにもありません。同じ海獣で比較的飼育実績のあるイルカ類でさえ、飼育下で世代交代を繰り返すことには失敗している。水族館内だけで子孫を増やすことはできなくて、展示用に新しい野生個体を常に補充し続けているんですよ。ジュゴンにしても、人工繁殖の研究の必要性は認めますがね、少な

「沖縄のジュゴン個体群は非常に危険なレベルにある。ここまで追いつめてしまった原因を突き止めてそれを取り除かなければ個体群は維持できません」と話す粕谷俊雄さん。（2002年7月23日、山梨県上野原町の帝京科学大学で）

くとも個体数残りわずかな沖縄のジュゴンでそれを行なうべき理由はないでしょう」

いったん飼育下での「保護」を目指してしまうと、肝心の生息地保全・復元がお座なりになることも大きな懸念だ。まさにトキの場合がそうだったように――。

野生状態のまま、それも分布域全体で丸ごとジュゴンを保護することが重要だという理由はまだある。前述のように、ジュゴンはユーラシア大陸とアフリカ大陸・オーストラリア大陸に挟まれた海の沿岸部に広く分布するが、粕谷さんによれば、地域によって生息環境は決して均一ではありえない。それに応じるようにそれぞれのジュゴンたちの形態や遺伝子にも多様性が認められるという。

「生物というのは地理的な変異に富んだものなのです。こうした多様性を保存しようと思ったら、どこか一カ所でだけ保護すればいいというわけにはいきません」

「さらにもうひとつ」と粕谷さんは続ける。

「環境問題の視点がありますね。人間が豊かさを追いかけるうちに動物相の価値を見失って、彼らを犠牲にした挙げ句に引き起こしてしまったのがいまの環境問題でしょう？　だったらその解決のためには、人の住んでいる土地でこそ生物の多様性を保存することが大事だと思いますね。紅海から沖縄に至る広い範囲で、ヒトもジュゴンも含めたさまざまな生物相互の関係性を丸ごと保存することを目指すべきではないでしょうか」

そのように全体的な方針を確認したうえで、沖縄の海で明日からでも着手できる焦眉の対策として粕谷さんが挙げるのは、まず漁業による混獲の防止だ。

「かつて（沖縄島の南に位置する）宮古《みやこ》や西表《いりおもて》にもジュゴンは生息していましたが、一九七〇年代以降は記録がありません。特に西表では定置網漁業が盛んだから――ほとんど五〇〇メートル間隔で網が入ってますよ――もしジュゴンがいれば混獲されないはずないんです。それがいない……。いっぽう沖縄島の東海岸にジュゴンがこれまで残ってこれたというのは、こちらに定置網が少ないからでしょう。常時やってる定置網は三カ所しかないですから」

残りごくわずかとなった沖縄のジュゴン個体群にとって、沿岸の定置網漁業が大きな脅威になっているというわけだ。ジュゴンは政府指定の天然記念物（一九七二年指定）で、捕獲することは禁じられているが、混獲で網に入った個体が溺れ死んでいたとしても罰則はない。そうして、これまで沖縄では混獲対策はほとんど何もされてこなかった。

「混獲を食い止めるには定置網を規制するしかない。漁業者の権利を制限することになるが、本当にジュゴンを守ると国民が決意するのなら、行政が権利を買い上げるなどすることで合意は見出せるはずですよ」

と粕谷さんは話した。

ところが、である。そんな「一般的な」保全対策のアイディアが全く空疎に聞こえてしまうような最悪の環境破壊がいま、この「浅海の回廊」のど真ん中に迫っている。再び辺野古崎沖の長島に戻ろう。

「ここなんです。建設予定地は」

渋面を作った東恩納さんが西を向いて指さしたのは、目と鼻の先の海面だった。そこには白波が立ち、断続的な線ができていた。

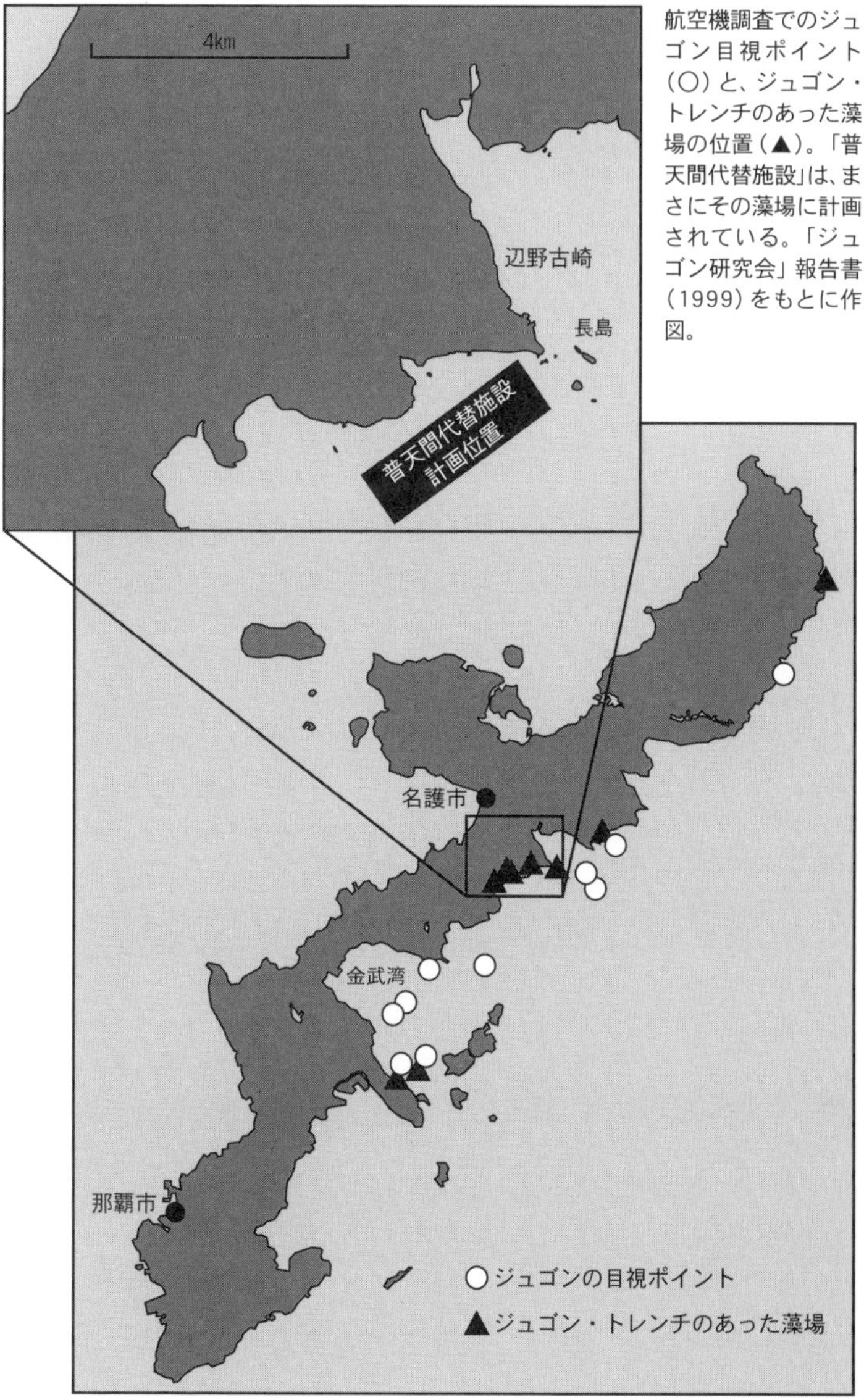

航空機調査でのジュゴン目視ポイント（○）と、ジュゴン・トレンチのあった藻場の位置（▲）。「普天間代替施設」は、まさにその藻場に計画されている。「ジュゴン研究会」報告書（1999）をもとに作図。

軍事空港が生息地を直撃

日本自然保護協会理事の吉田さんのつぶやきが海風にちぎれて飛んでいく。

「ここに、二六〇〇メートルの施設ですからね……」

まさに眼前のリーフ上に建設されようとしているのは、米軍の巨大空港だ。日本の政府は「普天間《ふてんま》飛行場代替施設」とオブラートに包んで呼ぶが、これは紛れない軍事基地である。

沖縄県には在日米軍の七五パーセントが集中していると言われる。より正確には、こうだ。

〈全国で米軍に提供されている基地の総面積は約九八〇平方キロメートルである。つまり、佐渡島よりも大きく、沖縄本島よりやや小さい面積が、米軍基地に提供されている計算になる。最も多くの面積が提供されているのは北海道であり、全体の三四パーセントを占める。ついで沖縄県が二五パーセント、そして静岡県、大分県とつづく。しかし、米軍に管理権のある基地面積を見ると沖縄が圧倒的に多く、日本全体の七五パーセントを占める。また、沖縄の米軍基地面積の九七パーセントが、米軍の管理下にあることになる。〉（梅林宏道『情報公開法でとらえた在日米軍』高文研、一九九五年）

普天間飛行場は、沖縄島中部の宜野湾《ぎのわん》市で米軍海兵隊が管理する基地のひとつである。面積は四八〇・六ヘクタール。この基地について、沖縄県ホームページ（二〇〇二年九月時点）はこう解説する。

〈宜野湾市の中央部に位置するこの施設は、第三海兵遠征軍の第一海兵航空団隷下第三六海兵群のホームベースとなって、ヘリ部隊を中心として、六四機の航空機が配備され在日米軍基地でも岩国と並ぶ有数のヘリコプター基地である。この施設は普天間航空基地隊によって管理運営され、駐留各部隊が任務を円滑に遂行できるよう後方支援活動体制をとっている。施設内には、滑走路（長さ約二八〇〇メートル×幅四六メートル）、格納庫、通信施設、整備・修理施設、部品倉庫、部隊事務所、消防署があるほか、ＰＸ（引用者注 **post exchange** の略。米軍基地内の売店）、クラブ、バー、診療所等に福利厚生施設等の整備があって、航空機基地として総合的に整備されている。〉

この巨大な基地を、わたしは数年前の夏、宜野湾市に滞在したおりに、すぐそばに建つ小さな「佐喜眞《さきま》美術館」の屋上から有刺鉄線のついた鋼鉄のフェンス越しに眺めたことがある。密集した住宅街の真ん中に、ぽっかり広大な空き地が広がっている光景は異様だ。アスファルト敷きのヘリパッドからはかなり離れていたが、禍々《まがまが》しい面構えをした武装ヘリたちが凄まじい爆音とともに超低空を飛び交う様子には、ふだん自衛隊車両を見慣れている北海道在住者も圧倒されるばかりだった（美術館に常設展示されている丸木位里《いり》・丸木俊《とし》夫妻の大作『沖縄戦の図』に打ちのめされた直後だったので、ショックはなおさら大きかった）。

こんな基地に日常的に威圧され続けている周辺住民にすれば、基地移転は「悲願」といってもいいだろう。一九九五年九月に起きた米兵三人による少女レイプ事件を契機に、それが実現に傾く。日米政府による「沖縄に関する特別行動委員会（ＳＡＣＯ）」が翌一九九六年一二月、普天間飛行場の条件付き「返還」を発表したのだ。

しかしその条件とは、名護市の辺野古沖への飛行場の移設であった。日米政府のいう「返還」とは、基地のたらい回しに過ぎなかった。名護市民は猛反発し、市条例を制定して一九九七年一二月二一日に住民投票を実施、建設反対票は過半数を越えた。ところが東京からの政治工作を受けていた当時の比嘉《ひが》鉄也市長は「建設受諾」を表明して辞任し、年明けの市長選挙では「基地問題は凍結」と問題を棚上げした前助役の岸本建夫氏が当選する。

これも政府のシナリオ通りだったのだろう。以降の名護市は凄まじい補助金・交付金攻勢を受けて「麻薬漬け」（同市在住のフリーランスライター、浦島悦子さん）となる。一九九九年一一月、まず政府が「移設先および周辺地域の振興」を地元にちらつかせ、続いて稲嶺《いなみね》恵一知事が辺野古沖への基地移設受け入れを公式表明する。外堀を埋められた形の地元・名護市議会が「普天間飛行場の名護市辺野古沿岸域への移設整備促進」を決議すると（一二月二三日）、岸本市長は「沖縄における基地問題の長い歴史と諸般の情勢に鑑み、わたしはこのたびの普天間飛行場の代替施設の受け入れについて、これを容認する」と表明したのだった（同二七日）。住民投票で基地建設NOの結果が出てから、わずか二年後のことである。

その後、焦点は「代替施設」をどんな工法で造るのかに移っていく。政府が示したのは、海の上に巨大な浮体施設を浮かべて係留する「ポンツーン」、杭を並べた上に板を載せる要領で建設する「くい式桟橋」、海を埋め固める「埋め立て」の三工法。リーフの外側、リーフの内側、リーフの真上のどこに造るかも含め、「三工法八案」と呼ぶ選択肢を出してきた。もちろん、どの工法でどの地点に造っても環境破壊は免れない。

皮肉なことだが、それまでほぼ絶滅状態と考えられていた沖縄近海のジュゴンが「再発見」されるきっかけをつくったのは日本の防衛施設庁だった。一九九七年、「代替施設」建設のために辺野古沖を調査したおりの報告書に、ジュゴン一頭を目撃した、と記述したのだ。

「そのたった一行を読んで、こりゃあとんでもないことだぞ、と。すぐに行動を起こしました」

と振り返るのは、WWFジャパンの花輪伸一さんだ。その行動の成果のひとつは、日本自然保護協会の吉田さんたちと二〇〇〇年一〇月にアンマン市（ヨルダン）で開催された第二回世界自然保護会議に赴き、国際自然保護連合（IUCN）に、日米政府に対するジュゴン保護勧告を決議させたことだ。IUCNは各国政府や環境NGOなどが加盟する世界最大の環境保護機関である。勧告はまず、日本政府に対して

（a）ジュゴンの生息域やその周辺で、軍事施設の建設に関する自発的環境影響アセスメントを、可能な限り早急に完遂すること。

（b）ジュゴンの個体群のさらなる縮小を阻止し、その回復をはかるための保全策を可能な限り速やかに実行すること。

（c）山原《やんばる》の生物多様性と絶滅危惧種、およびジュゴンの地域個体群を保全する計画を可能な限り早急に作成し、これらの種とその生息環境について詳細な研究を行なうこと。

（d）山原の世界遺産候補地への指名について前向きに考えること。

——の四点を求めた。また米国政府に対しては、

〈日本政府の依頼に従って、自発的環境影響アセスメントに協力することを要請する。〉

とした。さらに日米両政府に、

（a）自発的環境影響アセスメントによってあきらかとなった事実をきちんと認識し、それに基づいてジュゴンの個体群の存続を確かなものとするための適切な施策を講じること。

(b)前記(c)で触れた調査結果を考慮に入れ、懸案となっている基地施設および演習計画の環境に対する影響に関するアセスメントを行ない、さらにその評価に基づいて、ノグチゲラとヤンバルクイナの存続を保障するための適切な保護策を講じること。

――と注文をつけた(勧告の原文は英語。訳文は太田英利「資料　アンマンにおける世界自然保護会議の決議」『沖縄生物学会誌』三九号収録、二〇〇一年」によった)。

花輪さんがつけ加える。

「勧告がいう環境アセスメントとは、もちろん国際スタンダードのものです。ゼロ・オプション――つまり〝建設をやめる〟という選択肢を最後まで残しなさい、また建設予定地だけでなくジュゴンの生息地全体を調査しなさい、という意味が込められている」

国際世論に応じる形で、川口順子環境相(当時)は、二〇〇一年六月、「沖縄でジュゴン保護に向けた広域的調査を行なう」と発表した。同年一一月二日には専門家らによる「ジュゴンと藻場の広域的調査手法検討会」が設置され(藻場は海草生育地のこと)、研究プランの策定が進んでいる(検討会は二〇〇二年度から「ジュゴンと藻場の広域的調査委員会」に移行した)。だが対峙するのは、市民たちの住民投票を踏みにじって恥じず、ひたすら基地建設を推進する新ガイドライン時代の日米同盟である。花輪さんのいう「国際スタンダードのアセスメント」どころか、環境省の調査事業が基地着工への露払いにされたとしても、もうだれも驚かない。

じっさい、懸念は現実のものとなりつつある。二〇〇一年一二月二七日、首相官邸で開かれた「第八回代替施設協議会」で、岸本建夫名護市長は「辺野古沖のリーフ上への建設を受け入れる」と返事をした。

「SAVE DUGONG」とペイントされた基地反対グループの街宣車。（2001年12月17日、名護市内で）

翌二〇〇二年七月二九日の「第九回代替施設協議会」では政府側がまとめた「基本計画」が示されたが、それによれば新基地は面積約一八四ヘクタール、おおむね長方形で、長さ約二五〇〇メートル、幅約七三〇メートル。建設工法は埋め立てである（49ページの図を参照）。SACOが当初、長さ一五〇〇メートル、幅六〇〇メートルのヘリポートだとしていた「代替施設」は、早くもこんな巨大な軍民共用空港に変貌してしまったのである。岸本市長はじめ、沖縄から参加した自治体首長たちはこれを全面的に支持した。

こうした現実を前に、幾度も幾度も裏切られ続けてきた沖縄の人びとにすれば、もはや最後の望みはジュゴンに託すほかないのかもしれない。

二〇〇二年二月三日の名護市長選挙には、現職の岸本氏に対抗すべく、宮《みや》城《ぎ》康博《やすひろ》さんが立候補した。一九九七年の名護市での住民投票で基地反対運動の中心的役割を担ったリーダーのひとりである。政府と沖縄県・

名護市など関係自治体とで建設計画を決めてゆく「代替施設協議会」を中止する、というのが第一の公約だった。事実上の基地拒否宣言である。

宮城さんは「ジュゴン保護キャンペーンセンター」（本部・東京）共同代表で、「ジュゴン保護基金委員会」委員も務める。立候補表明会見には、ジュゴン模様のネクタイ姿で登場した。ジュゴンはいまや基地反対運動のシンボルだ。

けれど、ジュゴンたちには重すぎる役割だ、とも思う。安保、新ガイドライン、対テロ戦争、米軍基地。平和憲法を持ちながら、最も「痛み」の強いオキナワで、ジュゴンを盾にしなければ権力と闘えないとは……。

わたしたちはいま、長島を背にして、再び東恩納さんの操るボートで汀間漁港に引き上げる途中だ。今度は追い風で、船端にしぶきはほとんど飛んでこない。ジャケットの袖はすっかり乾いてごわごわしている。好天に恵まれた島巡りの帰路だというのに、船上の誰もが黙りこくったままだ。

わたしは自問する。じゃあ自分には何ができるのか、と。

前日の環境保全シンポジウムで、宮城さんはこう語っていた。

「ジュゴンの保護や基地問題を地域の問題と言ってしまっては立ち行きません。沖縄はこれまで我慢に我慢を重ねてきた。それがまだ続くのか。僕たちはいま勇気が欲しい」

かつて、カムチャツカ半島東方に浮かぶコマンドル諸島周辺の海にステラーカイギュウというジュゴン科の海獣が生息していた。体長は七〜八メートルに達し、ジュゴンよりかなり大きい。ロシアの海軍将校ヴィートス・ヨナセン・ベーリング（一六八一—一七四一）の探険航海に帯同したドイツ出身の博物学者、ゲオルク・

ヴィルヘルム・シュテラー（一七〇九―一七四六）が、この愚鈍な新種動物の大きな群れ（二〇〇〇頭近かったと推定されている）を発見・記録したのは一七四一年である。ところがその二七年後には、ステラーカイギュウは地上から一頭残らず姿を消してしまう。探検隊の報告を耳にして現地に殺到した毛皮猟師たちによる乱獲が原因だった。人間が大型動物をこれほど短期間に絶滅させてしまった例は他に知られていない。

もし沖縄のジュゴンに同じ道を歩ませたら、しかもそれが戦争準備のせいだったとしたら――。子孫たちからわたしたち世代に浴びせられる視線の厳しさは、一八世紀の毛皮猟師たちに向けられるそれを大きく上回ることは間違いない。

二〇〇二年二月の名護市長選挙で、宮城候補は大差で敗れた。だが同年九月八日の名護市会議員選挙では、宮城さんはトップ当選を果たした。過去最高の得票数だったという。

あきらめてはお終いだ。

主要参考文献

◆神谷敏郎『人魚の博物誌　海獣学事始』（思索社、一九八九年）
◆内田詮三「ジュゴン」（日高敏隆監修『日本動物大百科2哺乳類Ⅱ』に収録、平凡社、一九九六年）
◆片岡照男『ジュゴン――人魚学への招待』（研成社、一九九七年）
◆宮城康博ほか『ジュゴンの海と沖縄――基地の島が問い続けるもの――』（高文研、二〇〇二年）
◆梅林宏道『情報公開法でとらえた在日米軍』（高文研、一九九五年）

◆阿部永『日本産哺乳類頭骨図説』（北海道大学図書刊行会、二〇〇〇年）
◆倉沢栄一『ジュゴンデータブック』（ＴＢＳブリタニカ、二〇〇二年）

Reportage 3.

あなたもなれる！カヤネズミ調査員

～生物多様性保全のための環境教育とは？

宙に浮かぶ巣

二〇〇二年一月末の昼下がり、砂利で簡易舗装された堤防から河川敷に降り立つと、近くの国道橋を行き交う自動車の騒音は急に静まった。冬野菜が整然と植えられた畑と畑の間を抜けて川辺に向かうにつれ、微風に吹かれた枯れ草のかすかなざわめきが聞こえ出す。関西の春はまだだいぶん遠いが、穏やかな日差しに背中がほんのりと暖かい。

前夜までの雨で水たまりだらけの小道を五〇メートルも歩くと、褐色の草原に行き当たった。見上げる高さまで伸び放題に伸びていて、向こうは全く見通せない。

探し物は、この草むらの中のどこかにあるはずだと聞いてきた。

それは「宙に浮かぶ巣」だという。

「むやみに踏み荒らすとまずいんで、後ろをついてきてくれますか」

躊躇《ちゅうちょ》するわたしにこう言い残して、草むらの中にどんどん踏み込んでいったのは、きょう案内をお願いした畠佐代子《はたさよこ》さん（京都市在住）だ。大阪市立大学大学院理学研究科で動物社会学を専攻する大学院生である。

慌てて追いかけようとするが、畠さんの通っていった後でさえ密生する枯れ草に目の前をふさがれて思うように進めない。わずか数メートルほど進んだだけで手の甲はススキの葉に引っかかれ、ウールの外套の袖や胸や背中は無数の〝ひっつきむし〟に取りつかれた。ナイロンの上着を引っかけてくるべきだった、と心の中で舌打ちした時、すでに姿が見えないほど奥まで進んでいた畠さんが、「ありましたよー」と告げた。

ようやく追いついて畠さんの指さす先を覗き込む。ソフトボール大にまとめられた球状の「巣」が宙に浮かんでいた。いや、そう見えた。巣は、ススキ（イネ科）のかぼそい茎の途中にかろうじてつなぎ止められている。この風変わりな巣こそ、成獣でも成人の親指ほどの大きさにしかならない世界最小の野ネズミ、カヤネズミ（ネズミ科）の生息を示す物証だ。

畠さんがカヤネズミの生態研究を始めたのは一九九八年の春である。大阪湾に注ぐ淀川《よどがわ》水系に属する京都市内のこの河川敷は、畠さんが四年にわたって観察を続けてきたフィールドのひとつだ。

「カヤネズミは、冬は地上に作った巣とか、地下の穴の中で過ごすんです。だからこの季節にこの位置で見つかる巣はみんな空き家。どうせ自然に落ちて壊れるものなので、分解してみましょうか」

畠さんは古巣を手に取り、ミカンをむく要領で二つに割ってみせた。細い草の葉を巻きつけて毛糸玉のように仕上げられたカヤネズミの巣は、ほどいてみると二重構造だと分かる。

「ススキ、オギ、チガヤ、これみんな日本在来のイネ科植物ですけど、葉が繊維に沿って縦に長く裂けるでしょう？　巣の場所を決めたカヤネズミは、そんな葉を四方八方から引っ張っ

「カヤネズミが生息していることを示す一番の物証がこれ」と、独特の形をした巣を手に取る畠佐代子さん。（2002年1月30日、京都市内の淀川水系河川敷で）

てきて、細く裂いては絡め合わせて、まず外壁を編み上げるんです。それから真ん中の空洞に、柔らかい草の穂を詰め込んで仕上げます」

巣を空中に浮かべて作る秘密を、まるで自身カヤネズミであるかのように解説できるのは、草むらの中にビデオカメラをセットして、これまで何度も巣作りの一部始終を観察してきた成果だ。

畠さんによれば、カヤネズミは地上一二〇～一五〇センチメートルの高さに巣を作ることが多い。新居を作る株をこれと決めたカヤネズミは、まずその茎を登って「座」を確保する。続いて近くから葉を一枚つかんで引き寄せ、その先端からほぼ三分の一の箇所に歯で横に噛《か》み跡をつけ、折る。折った先を両手で持ち、今度は葉の繊維に平行に縦に歯を当てて切り込みを入れ、両側から引っ張ってピリピリ裂く。この時、最後まで裂き切ってしまわないで、葉の先端は破かずに残しておくのがミソ。一枚の長い葉が真ん中から縦に二分され、しかし末端ではつながったまま円環状に加工されたわけだ。カヤネズミはこの円環の中に自分のからだをくぐらせたかたちで保持しつつ、次の葉の加工に移る。この作業をどんどん続けて、からだのまわりに草の葉の円環の層を積み上げていくのである。

「巣のサンプルをたくさん集めて比べてみると、サイズにかなりバラツキがあることが分かったんです。なんでこんなに大きさが違うのかなァ、と不思議だったんですが、カヤネズミはこういうふうに自分のからだを真ん中に置いて、外側に巣を作っていくわけですから、もしかして巣のサイズは家主のネズミのからだの大きさに比例してるのかもしれない、と思って。いま裏づけの調査を進めているところです」

冬枯れの季節の野外調査も、わたしにはとてもラクチンとは思えなかった。だが畠さんは、春から秋にかけ

▲巣から出て採餌行動をとるカヤネズミ。完全な夜行性だ。（写真提供／畠佐代子氏）

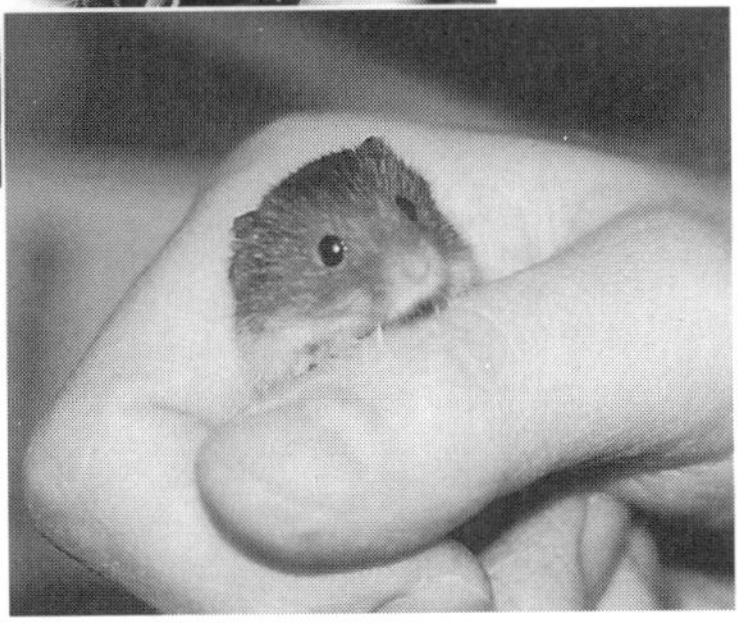

▶カヤネズミは世界最小の野ネズミ。オトナでも500円玉1枚分の体重しかない。（写真提供／畠佐代子氏）

て巣の中でカヤネズミが繁殖している可能性の高い時期の野外調査に特に気を遣いますね、と話す。カヤネズミの母親は一度に平均三〜四匹を出産するが、授乳中に脅かして親に巣を放棄させるようなことになってはフィールドワークは失敗だ。

とりわけ真夏の深い草むらの中での調査は、凄まじい草いきれとの戦いでもあるが、畠さんはゴム長に長ズボン、長袖シャツを着て軍手をはめ、帽子も目深に被って顔面以外は決して露出させない。ハチなどの攻撃に備えてというより、カヤネズミに悪影響を与えるかもしれない人間のニオイを生息地内でなるべく発散させないための用心だという。軍手は毎回新品をおろし、衣服も洗い立て、首には汗拭きのタオルを巻いておいて、軍手でうっかり額をぬぐってしまわないよう注意している、というほどの徹底ぶりだ。

だから、もし巣の外観の大きさから家主のからだのサイズを正確に推定できるようになれば、調査時にもカヤネズミそのものとの接触機会を大幅に減らせる。巣の中をむやみに覗かなくても、遠くから観察するだけで家主の情報が得られるようになるのだ。たとえば、カヤネズミの母親は繁殖期、同時に五〜九つの巣を作って行き来することが観察されているが、もし巣のサイズと位置関係を見るだけで「これらは同じ一匹の母ネズミの巣」と特定できれば、わざわざネズミそのものを個体識別する必要がなくなる。調査は格段に簡便となり、そのぶんカヤネズミたちにかける負担も軽減できる、というわけだ。

フィールド調査が相手動物に与える影響をなるべく少なくする努力は、生態学研究者がいつも心がけるべきエチケットといえる。だが、畠さんがカヤネズミに対してここまで神経質になるのにはもうひとつ理由がある。

彼女が研究対象にカヤネズミを選んだのは、巣作りのユニークさに惹かれたこと、生息場所が人の生活圏と重複していて身近なこと、にもかかわらず「害獣」でないためにかえってここ三〇年ほどきちんと研究されてこなかったことなどが要因だが、フィールドワークに着手してすぐ、この愛すべき小動物が想像していた以上に危機に瀕していると気づいた、という。

「カヤネズミはその名の通り、〝茅場《かやば》〟と呼ばれる環境に生息するんですが、それがなかなか見つからない。やっと見つけた最初のフィールドで、夏から秋まで子育ての様子を観察できたと思ったら、年明けの三月に生息地ごと潰されてしまいました。近くの駅前の開発工事で大量の残土が出て、茅場がその捨て場にされちゃったんです」

一見どこにでもありそうな茅場だけに、かえって無造作に破壊されてしまう。「カヤネズミ生息地は確実に減少しています」と畠さんは話した。（2002年1月30日、京都市内の淀川水系河川敷で）

辞書で「茅」を引くと、〈屋根を葺《ふ》く丈の高い草の総称。ススキ・チガヤ・スゲなど〉（『ハイブリッド新辞林』三省堂）とある。かつて日本の地域社会にとって、建築材の自然の生産場として茅場は必要不可欠だった。人びとは茅場で草を刈ったり、更新のために野焼きの火を入れたりしたが、丸ごと潰すことはしなかった。持続可能的に利用できていたわけだ。そこではカヤネズミも、この小さな哺乳類を獲物とするヘビ類、イタチ、モズ、フクロウたちも、ともに生活することができていた。

いま、わたしたちの社会がものすごいスピードで壊しつつあるのは、こうした何気ないけれども生物多様性の度合いの高い生態系だ。昔から身のまわりにありふれた風景だから、だれしもつい見過ごしてしまう。たくさんの人が日常的に目にしていながら、そういえば、と気がついた時にはもうどこにもなくなってしまっていたということも多い。

さらにそれは、残土で埋め立てる、コンクリートやアスファルトで塗り込めるといった物理的破壊にとどまらない、と畠さんは指摘する。

「茅場は休耕田とか河川敷とかに形成されます。河川敷だと、年に一回くらいは冠水して、そのたびに植生が更新されるような環境ですね。ところが」

と、畠さんは手を伸ばしてかたわらの背の高い草を引き寄せた。灰白色の綿毛がいっせいに舞い上がる。

「現代では冠水後に優占種として伸びてくるのは、たとえばこのセイタカアワダチソウ（キク科、北アメリカ原産）。この葉っぱは繊維状には裂けません。カヤネズミの巣材にならないんです」

その独特の巣作りからも想像できるように、古来維持されてきた茅場という自然環境に巧みに適応しながら現在まで生き続けてきたのがカヤネズミだ。肝心の茅場がこのように急激なスピードで失われれば、もはやカヤネズミたちに生きていける場所はない。

セイタカアワダチソウは、旺盛な繁殖力で短い期間に大群落を作り、あたりの風景を一変させてしまう。しばしば在来生態系を圧迫する悪者として人の口に上るのは、決してこの植物が日本の住民に歓迎されてはいないということの証拠だろう。

ところが、同じように海外原産で在来の茅場生態系の脅威になる可能性があるのに、むしろ人の手でどんどん植えて全国中に広げようという運動の続く植物もある。「環境に優しい」のキャッチフレーズとともに紹介されることの多いケナフだ。

どこが環境に優しいの？

ケナフ（アオイ科）はアフリカ大陸が原産地といわれ、タネ蒔きから半年ほどで数メートルに伸びる成長の速い植物として知られる。日本列島には自生しないが、西アジアや南アジアでは数千年の栽培歴があり、茎から取れる強い繊維を利用してロープや粗い布、漁網などが生産されている。

日本で価値が〝再発見〟されたのは一九九〇年代以降だ。「二酸化炭素吸収率が高い」「木材に代わる紙原料」と紹介され、日本でもケナフを栽培してパルプ化すれば森林の伐採量・輸入量を減らせるのでは、と「環境派」を自任する人びとが普及活動を始めた。「ケナフの会」が各地にでき、輸入したタネを頒布した。マスメディアや企業、地方自治体などの後押しも受けて、ケナフ栽培は一大ブームになった。

「けどね、それを河川敷に蒔いたり、琵琶湖の（在来の）ヨシ原を刈り払ってケナフに植え替えようっていう話まで出てきた。それのどこが環境に優しいねん、って声を上げざるを得ませんでした」

茅場の危機を感じた畠さんは一九九九年一一月、インターネット上に『け・ke・ケ・KE・ケナフ？』（http://www.ne.jp/asahi/doken/home/charoko/kenaf/index.htm）というサイトを開設する（注、72ページ参照）。

批評は明快だった。いったん人の管理下を逃れれば、ケナフも他の移入植物と同様、在来生態系を脅かす。むやみやたらな栽培推進運動はかえって日本列島の生物多様性を低下させてしまいますよ――。ネット特有の軽いノリの文体で書かれた同サイトは関係者間で反響を呼び、琵琶湖でヨシ原をケナフに置き換えようなどという動きはやがて立ち消えた。

とはいえ、栽培熱が冷めたわけではない。とりわけ、文部科学省の新しい学習指導要領に基づき二〇〇二年度から小中学校で本格的に始まった「総合的な学習の時間」の教材に悩む全国の教師たちがケナフに注ぐ視線は、依然として熱い。春にタネを蒔けばその秋には収穫でき、漉《す》いた紙で自分たちの卒業証書を作る、といったパターンで一年間の授業計画を立てやすいのも「メリット」だ。

総合学習開始に先駆けて授業にケナフ栽培を取り入れているという九州地方のある小学校教師は、

〈ケナフを育て「地球によいことをやっている」その気分のよさが環境を考え、行動を起こす次のステップの力になる〉

と、自校のウェブサイトに記している。

しかし、この陶酔感は危険だ。環境教育でむしろ子供たちに強調すべきなのは、気分次第で「地球によい」かどうかを判断してはならず、きちんと科学的に効果を見極めなくてはならない、という冷静さであるはずだ。むしろいま冷静なのは、ある意味「ブーム」に乗っただけの企業のほうかもしれない。たとえ畑での栽培であれ、ケナフが思ったほど「地球によい」ものではないことに、費用対効果に敏感な人びとは徐々に気づき始めている。

「サッポロビール千葉工場」（千葉県船橋市）では、「地域環境活動」と銘打って敷地内に約一〇〇〇平方メートルのケナフ畑を造成し、二〇〇〇年春から地元の小学校や市民グループなどに開放してきた。一年目は五〇〇キログラム、二年目は六〇〇キログラムを収穫したという。

「ところが、製紙工場に運び込んで紙にするにもかなり経費がかかるんです。製紙会社も安上がりな輸入のケナ

フチップを使いたがりますし。結局、去年（二〇〇一年）は紙にはできませんでした」（林義廣・同工場総務部課長）

収穫したケナフの一部は手漉き用に引き取り手を見つけたが、残りはゴミ同然になった。林さんは「紙原料としての需要や集荷システムのない現段階では、環境対策としての効果はクエスチョンマーク」と、ビジネスライクな判断を下している。

畑で栽培する分には、ケナフが在来の生態系を破壊するというわけではない。しかし、畑で育てて収穫しても、結局ゴミにしてしまうなら「地球に優しい」イメージはまさに幻想だ。幻想であることを教師が子供たちに隠し通さなければならないとしたら、それはもはや環境教育とはいえないだろう。

そんなケナフの栽培は「総合的な学習の時間」の目的にかなうだろうか？

〈横断的・総合的な課題などについて、自然体験や社会体験、観察・実験、見学・調査などの体験的な学習、問題解決的な学習を行う〉

これが学習指導要領がいう「総合的な学習の時間」の〝ねらい〟である。とすれば、教師た

見学コースの出発点に飾り付けられたケナフのオブジェ。食品企業として「環境に優しい」イメージの宣伝材料に使おうとしたが……。（2002年3月14日、千葉県船橋市のサッポロビール千葉工場で）

ちはケナフよりも学習体験がもっと直接的に環境保全につながるシンプルな教材を選ぶべきではないか。

たとえば、カヤネズミはどうだろう——。

「最初の観察フィールドが残土捨て場になって潰された時、野生動物の生息場所ってこんなに簡単になくなるんかァって、すごいショックでした。全国で同じようなことが起きているとしたら、カヤネズミなんてあっという間に絶滅してしまうんやないかって」

と、畠さんは話す。

「ですけどね、全国の状況を調べようにもデータがない。環境省が〝緑の国勢調査〟（自然環境保全基礎調査）をやってますが、更新はおおむね五年ごと。これでは保全活動には使いづらい」

いまカヤネズミ専門の研究者は日本に自分しかいない。社会の目を保全に向けさせるには自分が何とかしなければ……。そんな責任感にも駆り立てられて、畠さんは「全国カヤネズミ・ネットワーク」（略称カヤネット。http://yamaya.yi.org/kayanet/index.htm）という情報網を作った。全国の博物館、地方自治体の自然保護担当部署、自然保護グループ、教師たち、自然愛好家たちと結び、生息情報を集めるためだ。都合のよいことに、カヤネズミの場合、夜通し見張ったりワナで捕らえたりしなくても、特徴的な「宙に浮かぶ巣」さえ見つければそこに生息していることは確実とみていい。大勢で押し掛けて生息地のカヤ場を踏み荒らしてしまうというようなことにさえ気をつければ、比較的簡単な調査で目的を果たせるのだ。「カヤネズミの巣を探して下さい」と片端からアンケートを送るなどした結果、これまで延べ数百人の協力者たちから情報が寄せられた。

これらのデータをもとに、畠さんは「カヤマップ」と名づけた生息分布地図を作ってインターネットに公開している。毎年更新し、中間報告も出す。ことカヤネズミの分布情報に関しては「緑の国勢調査」をしのぐ出来映えになった。

「近所の草むらに行けばどこにでもいそうなカヤネズミが、実はこんなに生息地を減らしてるんだって、カヤマップを見れば実感してもらえると思います。じゃあウチの近くはどうだろう、と多くの人に目を配ってもらえれば、生息地の保全にきっと役立つ」

と、畠さんは期待を込める。カヤネズミに関心を持つ人が各地に増えれば増えただけ、生息地を無造作に土砂で埋めてしまうような行為は許されなくなってくるに違いないからだ。

博士課程在学中で、プロの生物学者と呼ぶにはまだ早い畠さんだが、だからこそかえって、カヤネットのここまでの成功は、ボランティアのアマチュア市民が生物多様性保全のために貢献できることを示した好例だといえる。ネットワーク参加者は、何も特別な訓練を受ける必

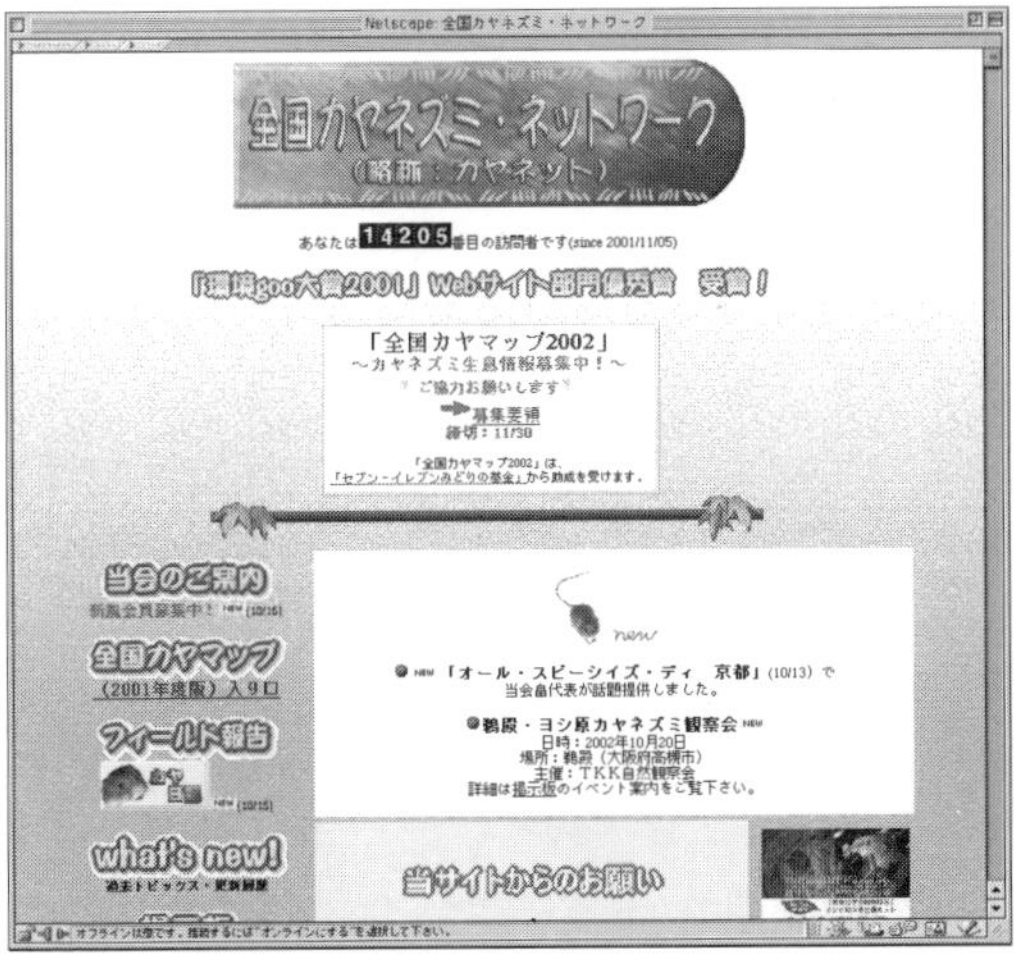

インターネット上で畠さんが運営する「全国カヤネズミ・ネットワーク」のホームページ。
(http://yamaya.yi.org/kayanet/index.htm)

要はない。テーマに沿ってそれぞれ身近な環境を観察した結果を「センター」に送るだけだ。こうした情報はバラバラではあまり役立たないが、数多く集めて標準化さえできれば、上手にまとめることによって飛躍的に価値が高まる。それが公表され、さらに何かの保全政策に結びつけば、参加者それぞれは深い達成感を味わうだろう。幻想ではない確かな結果だ。インターネットという道具が発達した現代、全体のプログラム作りとデータの取りまとめ、そしてその公表の役を果たすのに、センターにたった一人専門家がいさえすれば目的を果たせるということもカヤネットは証明した。

二〇〇二年三月二七日、政府が決定した新しい「生物多様性国家戦略」は基本方針として、〈環境教育・環境学習を生物多様性保全上、有効な政策手段と位置付け、推進する必要があります〉と述べている。カヤネットの手法は、その実現化の大きなヒントだ。

各地の学校でいくらケナフを栽培しても、現状では列島の自然を守ることに結びつくとは思えない。でも、もし小学生や中学生たちが調べた身近な環境情報が、たとえひとつひとつは小さなデータでも、うまく収集・解析されることで生物多様性保全政策に反映されたら、子供たちにとってもこんなに素晴らしい体験はない。

日本人は二〇世紀、自国の自然を壊しすぎた。子どもたちの世代に繰り返させてはならない。そのための環境教育であることを、大人たちは再確認すべきだ。

茅場にすむ小さなカヤネズミがそう教えてくれている。

※注　畠さんは「当初の目的はほぼ達成した」としてインターネットサイト『け・ke・ケ・KE・ケナフ？』

を二〇〇二年九月末に「凍結」した。

主要参考文献

◆畠佐代子「カヤネズミを取り巻く現状について」（財団法人日本ナショナルトラスト『すぐれた自然環境としての葦原・茅場の保全活用調査』収録、二〇〇一年）
◆サッポロビール株式会社『環境レポート２００１』（二〇〇一年）
◆上赤博文『ちょっと待ってケナフ！　これでいいのビオトープ？』（地人書館、二〇〇一年）

Reportage 4.

古代湖を侵入種から守る

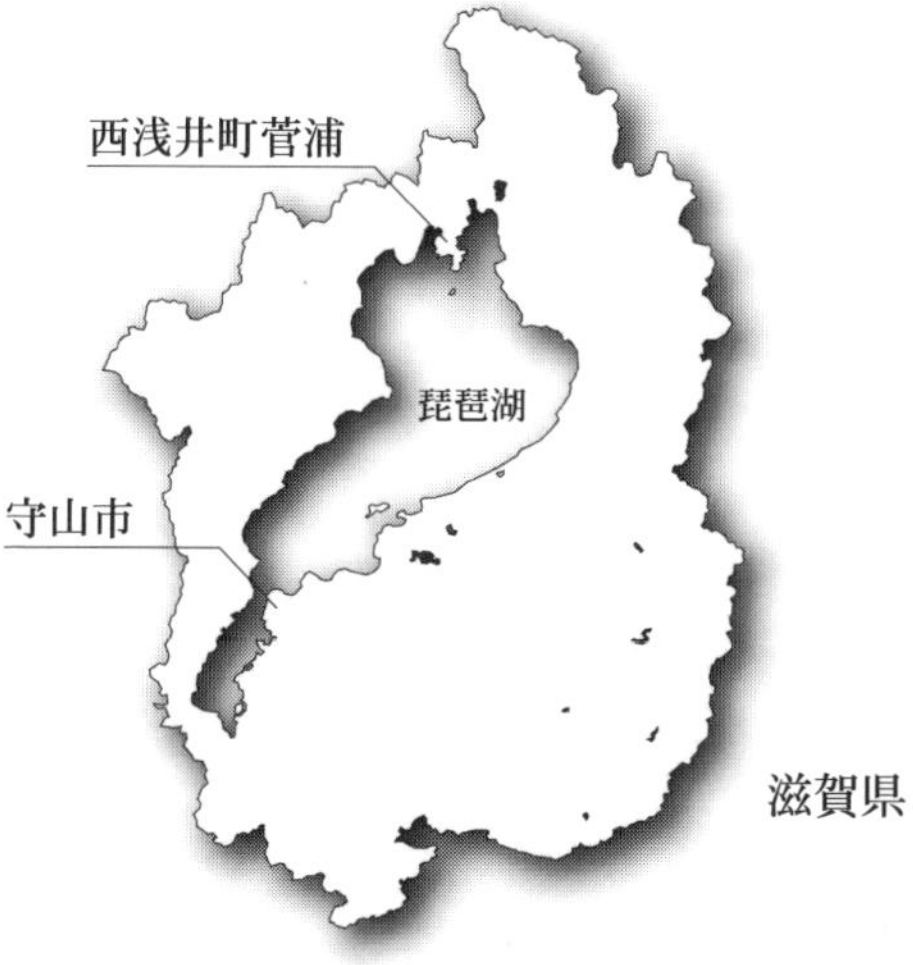

～バス・ギル駆除と再放流禁止条例

侵入種たち

小学生なら楽に入れそうな巨大なバケツが、死んだ小魚たちによって見る間に満たされていく。魚は大部分がブルーギル（サンフィッシュ科）、そこにわずかな割合でブラックバス（サンフィッシュ科、注1）が混じる。どちらも北米大陸原産の「侵入種」たちだ。

「これだけたくさんの魚が釣られてきて、でもフナもモロコも、在来種が一匹もいない。異常ですよ」

二〇〇二年八月三日、滋賀県守山《もりやま》市の琵琶湖岸で開かれた「もりやま・びわ湖・ブルーギル撲滅釣り大会2002」（守山湖岸振興会・同大会実行委員会主催）の本部テントで、運営に参加した市民グループ「琵琶湖を戻す会」の高田昌彦代表はこう話した。

この日の参加者は約一七〇組。照りつける陽光のもと、夏休みの少年少女や家族連れ、釣り愛好者たちが岸壁に竿を並べた。釣り上げたブルーギルやブラックバスの重さに応じて「ギル券」（近くの商店などで利用できる地域通貨）をもらえるとあって、午前八時から午後一時までのわずかな時間ながら、合わせて二四七キログラム分の魚が本部に集まった。参加者の多くは小さなスジエビ（テナガエビ科）を餌《えさ》に釣り糸を垂れたが、そこにいればこの餌で必ず釣れるはずの在来種はみごとにゼロである。

「わたしたちの会でも年に四回のペースで外来魚駆除のための釣り大会を開いていて、その時はミミズを餌にしているんですが、特に南湖《なんこ》（琵琶湖大橋以南）では在来種は全く釣れないという状況です」

と、高田さんは言う。

参加者に交じってわたしも岸壁から竿を出してみた。波消しブロックの上に立ってニンフ（水生昆虫に似せた毛ばり）を投げてみる。偏光グラス越しに、沈んでいく小さなニンフに十数匹の小さな魚たちが殺到するように近寄ってくるのが見える。すべてブルーギルのようだ。見破られているのか、なかなか針に掛からないが、何投目かに釣れてきたのはやっぱり、全長二〇センチメートル前後のブルーギルだった。ニンフを水底まで沈めてから引っ張ってみると、今度は同じくらいの大きさのオオクチバスが釣れた。わずかに一度、一メートル級の大きなコイ（これは在来種）が足もとを通過していくのを目撃できたのは、幸運だったと言うべきなのだろう。

琵琶湖は表面積約六七〇平方キロメートルを誇る日本列島最大の湖というだけでなく、誕生の歴史をたどれば実に四〇〇万年前までさかのぼることのできる古代湖として知られる。生息する魚をみても、ニゴロブナ（コイ科）やホンモロコ（コイ科）をはじめ、世界でここにしか生息しない固有種が数多く、滋賀県によれば生息魚類全五四種（移入種一一種を含む）のうち一二種が固有種である。ところがいま琵琶湖で

次々に持ち込まれる魚たちはすべて「侵入種」たち。1匹ずつ捕らえる釣りでの「撲滅」作戦では、焼け石に水の感が強い。（2002年8月3日、滋賀県守山市の琵琶湖畔で）

撲滅釣り大会で山積みにされたブルーギルとオオクチバス。南湖はこれら侵入種たちに占領され、在来種は壊滅状態だという。（2002年8月3日、滋賀県守山市で）

漁の網に入ったり、湖岸から目にしたり釣れたりするのは、大半がブルーギルやオオクチバスといった侵入種たちばかりなのだ。侵入種——本来の生息域外に人の手によって持ち込まれた移入種たち＝エイリアン・スピーシーズの中でも、とくに在来の生態系に危害を与えるとされるものたちの呼称である（注2）。

琵琶湖の二種の侵入種たちについて、もう少し詳しくみてみよう。いま最も猛威を振るっているといわれるブルーギルのこの湖への「侵入」の経緯はこんなふうだ。

全国内水面漁業協同組合連合会『ブラックバスとブルーギルのすべて——外来魚対策検討委託事業報告書』（一九九二年）によると、最初に日本にこの魚がもたらされたのは一九六〇年一〇月で、その原産地はアメリカ合衆国アイオワ州グッテンベルク、数は一七匹だったという。こんなに正確に記録が残っているのは、これらの魚たちが、訪米中だった日本の皇太子（現在の明仁《あきひと》天皇）にシカゴ市長から贈られたプレゼントだったせいもあるだろう。届いた魚たちは東宮御所（東京都港区）の池に放流され、また一部は水産庁淡水区水産研究所（現在は独立行政法人水産総合研究センター養殖研究所に改編、本所＝三重県度会《わたらい》郡南勢町《なんせいちょう》）にも運ばれた。

淡水区水産研究所が、増殖させたブルーギルを滋賀県水産試験場（彦根《ひこね》市）に出荷し始めるのは一九六三年一〇月だ。翌年末まで四回に分けて計約一四〇〇匹を分与したという。わざわざそんなことをしたのには理由がある。滋賀県水産試験場は当時、淡水真珠（「琵琶パール」）の母貝になるイケチョウガイ（イシガイ科、琵琶湖固有種）の人工養殖技術の開発を進めていた。イケチョウガイは殻の長さが二〇センチメートルあまりに達する大型の二枚貝だが、孵化《ふか》して間もない幼生時代、ある程度の大きさに成長して湖底に沈着するまでの期間を淡水魚の鰓《えら》やひれに寄生して過ごす。ところが琵琶湖では一九六〇年代から湖岸で盛んに埋め立て工事や護岸工事が行なわれ、また工業廃水・生活排水の流入によって水質は一段と悪化していた。おかげで沿岸域に分布するフナ類などの在来魚が急減し、連鎖的にイケチョウガイが育つ環境も急速に失われていた。

※注1　「ブラックバス」はサンフィッシュ科オオクチバス属の魚を指す俗称。日本国内ではオオクチバスとコクチバスの侵入が確認されている。

※注2　「侵入種による生物多様性の喪失を防止するためのＩＵＣＮガイドライン（IUCN Guidelines for the Prevention of Biodiversity Loss Caused by Alien Invasive Species.）」が定義する「alien invasive species」の訳語として本書では「侵入種」を使う。このガイドラインについては「ルポ10」を参照のこと。

そこで登場したのが人工養殖のアイディアである。おおもとの原因（＝自然環境破壊）には切り込まず、小手先の技術で最終成果（＝真珠の増産）だけを目指したわけだ。水産業もまるで工業と同列の思想に支配されていた時代だった。在来の宿主《しゅくしゅ》がいないならどこかよそから連れてくるまで。その候補たちの中にブルーギルもいた。

ブルーギルのイケチョウガイの宿主としての成績はかなりよかったらしい。滋賀県水産試験場は屋内実験の後、西ノ湖《にしのこ》での野外実験に進む。西ノ湖は近江八幡《おうみはちまん》市と蒲生《がもう》郡安土《あづち》町にまたがる内湖（琵琶湖の一部が砂州などで囲い込まれ、分離状態になった小規模な湖）で、水路を通じて琵琶湖本体につながっている。まさか将来にこんな事態を招くとは思いもよらなかったのだろう。魚たちが逃げ出すことは想定外で、拡散を予防する方策は何もとられなかった。西ノ湖を発信源にして、早くも一九七五年ごろにはブルーギルは琵琶湖全体に生息域を広げ終えたという。

その後の「琵琶パール」増産にブルーギルが実際に寄与することはなかった。滋賀県は二〇〇〇年、「滋賀県で大切にすべき野生生物―滋賀県版レッドリスト」にイケチョウガイを絶滅危惧種として記載した。

さて、西ノ湖から泳ぎ出したと考えられるブルーギルたちの子孫の一部はいま、北にざっと三五キロメートル離れた琵琶湖最北部、伊香《いか》郡西浅井町菅浦《すがうら》の奥出湾《おくで》に大コロニー（集団営巣地）を形成している。滋賀県立琵琶湖博物館（草津市）の中井克樹主任学芸員は、このポイントでもう一三年にわたりモニタリング（監視）を続けている。二〇〇二年八月二日、調査に同行させてもらった。

湖岸の形状に合わせて左右に細かくカーブを繰り返す道の先が調査フィールドだ。先に見た南湖《なんこ》（平均水深約四メートル）は平野に接して、陸地も湖岸線もすでに人が開発し尽くした感があったが、北湖（ほっこ）と呼ばれるこのあたりは湖岸ギリギリまで緑濃い山が迫り、人家もクルマの通行量も少ない。湖水も青く澄んでいて、透明度は南湖の二倍から三倍も高い。湖底は地形を反映して、岸から数メートルほどは背が立つが、その先は急斜面となって深みに落ち込んでいるという（北湖の平均水深は約四三メートル）。

水際まで崖を降りて水中を覗き込むと、小砂利を敷き詰めたような湖底に、白っぽい色をした四角いカードのようなものが無数に落ちている。ゴミかと思ったが、さにあらず。中井さんが考案した湖底設置式の標識《タグ》だ。コンクリート壁用の太いクギを軸に、二つ折りにした幅五センチメートルの布製ガムテープを旗のように貼り付けて作ってある。水中ではクギがちょうどいい重石代わりとなり、ほとんど流れのない湖底で何年も見分けられるという。テープの表面にはそれぞれ黒のマジックペンで記号が書いてあって、左肩に「02」とあるのは「二〇〇二年」の意味。真ん中に大きく「I―28」「L―16」などと記してあるのは、いわばブルーギルの巣の住所番地だ。

琵琶湖では六月から八月なかばにかけてがブルーギルの繁殖期である。ブルーギルの巣作りはもっぱら雄の仕事だ。ふつう水深一メートル余りの場所を選んで尾びれや頭部で水底の砂や砂利を周囲にはね飛ばし、直径二〇～六〇センチメートル、深さ五～一〇センチメートルほどのすり鉢状の巣を作る。巣の上にパートナーを誘い込んで産卵を促し、中空で授精したあと、巣の底に落ち着いた授精卵をまわりでガードし続けるのも父親の役目である。卵を狙って近づいてくる他の魚であれ、潜水調査にやってきたヒトであれ、巣に近づく者には猛然と攻撃を仕掛けてくる。

ブルーギルの群れは、このような巣を時には数百以上も密集させてコロニーを作る。奥出湾の調査フィールドにはこんなコロニーがいくつも形成されているという。中井さんが観察を続けているのは、このうち湾に沿って設定したざっと二〇〇メートルの区間である。ボンベを背負って潜水しながらコロニーを巡回する。新しい巣が作られているのを見つけたら片っ端からタグをそばに置いて目印にし、その正確な位置を湖底地図に残らずプロットしてきた。

「前の晩に一〇〇枚タグを作っていって、それでも足りずに現場で作ることもありますよ」

と打ち明け話をしてくれたのは、中井さんとチームを組んで観察にあたっている滋賀県立大学大学院環境科学研究科・環境動物学研究室修士過程の中尾博行さんだ。週に四日、毎回数時間ずつほぼ水中に潜りっぱなしの観察は、まさに体力が勝負だが、苦労のかいあって今年（二〇〇二年）はこれまでにAからLまで七つのコロニー、合わせて約六〇〇の営巣を確認できたという。

同じ調査地ではオオクチバスの繁殖も続いている。中井さんによると、琵琶湖でこの魚

湖底にばらまいてあるように見えるのは、ブルーギルの巣の位置を示すタグ。1枚ごとに番号が振ってある。（2002年8月2日、滋賀県伊香郡西浅井町で）

が初確認されたのは一九七四年で、一九八〇年代なかばに個体数が激増した。

「琵琶湖に初めて潜った二〇年ほど前は、外来魚の姿なんて見かけなかったんです。けど一九九〇年に再び潜った時は違ってました。ちょうど五月でしたが、コツンとつつかれたんで振り返ったら、バスだった。そこで卵を守っていたんです。まさに衝撃の一つつきでしたね」

奥出湾ではオオクチバスの繁殖期は五月から七月なかばで、ブルーギルよりちょうど一カ月早い。この魚もまた、雄が水底にすり鉢状の産卵床《さんらんしょう》を掘り、授精卵や孵化した仔魚《しぎょ》を外敵から守る役目を担う。ただしブルーギルのようなコロニーは形成しないという。こちらの水中観察はもうひとりのチーム員で中尾さんと同じ研究室に在籍する大学院生、藤田建太郎さんの担当だ。例のタグ方式で今季は産卵床数九二をカウントした。

チームを率いる中井さんは、一九九〇年の繁殖期から奥出湾でモニタリングを続けてきた。これまで何が分かってきただろうか。

「年によって変動はありますけど、この場所ではブルーギルのコロニーは明らかに増加傾向にあります。もうひとの顕著な変化はオオクチバスの繁殖個体が小型化しているということ。一九九五年を境に大型の個体の姿が見えなくなったんです。ほかの環境要因に大きな変化はないので、オオクチバス個体の小型化とブルーギルのコロニー増大との間には何か関係があるのかもしれません」

オオクチバスやブルーギルなどサンフィッシュ科の魚たちの生態は、その種間関係も含めすでに原産地北米大陸の地元研究者たちによって詳しく研究されているが、日本列島に持ち込まれて侵入種と化した彼らが、移入先の生息環境でも原産地と同じようにふるまうとは言い切れない。中井さんたちのこのフィールドでの調査目的は、ほかならない「琵琶湖の侵入種たち」がどのように繁殖し、またその状況がどう変化しているのか、実態を追跡することだ。

侵入種再放流禁止条例

二〇〇二年一〇月一六日、全国主要紙は滋賀県議会が「滋賀県琵琶湖のレジャー利用の適正化に関する条例」を可決・制定したことをいっせいに報じた。一地方自治体の新条例がマスメディアを騒がせたのは、県庁が議会に条例案を提出する前に実施したパブリックコメント募集に全国から二万通以上の意見文書が届いていたからだ。反響を呼んだのは、オオクチバスなど侵入種の「キャッチ&リリース」を禁じる条文だった。

同じ年の六月に滋賀県が発表した「滋賀県琵琶湖のレジャー利用の適正化に関する条例要綱案」は、〈琵琶湖の自然環境およびその周辺の生活環境の保全に資すること〉を目的に謳《うた》い、〈琵琶湖におけるレジャー活動に伴う環境への負荷の低減に努め、県の行なう施策に協力〉することを〈利用者の責務〉と定めた。そのうえで水上バイクのエンジン規制などと並べて、〈ブルーギル、オオクチバスその他の規則で定める魚類を採捕したときには、これを琵琶湖に放流してはならない〉とした。

これに対して、県琵琶湖環境部自然保護課の集計によると、パブリックコメントを募った一カ月間に県内外から電子メールなどで合計二万二一六一件もの文書が寄せられ、ほかに五万二一三五人分の署名簿が届いた。電子メールで届いた意見一万一二六五通のうち、九四九四通（構成比八四・三パーセント）は、このいわゆる〝侵入種条項〟に集中していた。また五万人余りの署名簿は、はっきり侵入種条項に反対するものだった。

ブラックバス釣りの愛好者たちには「キャッチ＆リリース」は“常識”だ。（2002年8月2日、滋賀県高島郡マキノ町で）

魚釣りに詳しくない読者には説明が必要だろう。琵琶湖は日本で指折りの「ブラックバス・フィッシング」の釣り場なのである。対象魚も道具もアメリカ流のこの釣りでは、釣り上げた魚を殺すことはタブーとされ、すぐに針を外して生かしたまま水に戻す「キャッチ＆リリース」行為が、釣り人の守るべき〝マナー〟として励行されている。

ところが侵入種条項はこれを禁じた。県に反対意見を届けた大半は、自分たちの価値観を否定されたと感じたバス・フィッシングの愛好者、およびバス・フィッシング業界（釣り具メーカー、釣り具店、貸しボート業者など）の人びととみられている。

滋賀県フィッシングボート協同組合（本部・大津市）は、そんななかのひとつだ。条例制定前の二〇〇二年八月、組合の本部を訪ねると、寺田京二理事長は、「リリースが禁止されたら、マジメな釣り人ほど琵琶湖に来んようになるでしょうな」

と、こんなふうに話した。

「バスを釣って帰って食べる人はいてません。そうかとゆうて、たとえば親子でバス釣りにきて、釣れたんを子供の目の前で踏んづけて殺すことができるか、ちゅうことですわ。条例にも違反したくないマジメな人は、せやったら自由にリリースできる別のとこに行くワ、ということになるやないですか？」

生物多様性保全の観点からすると、侵入種であるオオクチバスを釣って楽しんだうえ、再放流せずにいられない釣り人を「マジメ」と呼ばれても苦笑を返すほかない。だが、移入から約二〇年が経ち、琵琶湖に「バス・フィッシング経済」が生まれているのも事実だ。滋賀県フィッシングボート協同組合には四一業者が加盟しているが、すべてバス・フィッシング専門だという。寺田さん自身、

「三〇歳の時から三四年間、琵琶湖で釣り船業をやってきましたけどね、モロコもフナもおらんようになりましたワ。わたしらも生活のために、新しいバス用の船を導入したり、努力してバス釣りに転換してきたんです」

と、力を込めた。

滋賀県は、モロコ類など琵琶湖の「重要魚介類」の漁獲量が、ブルーギルやオオクチバスの捕獲量の増加に呼応するように年々減少していく様子を表すグラフを掲げて、

〈オオクチバスやブルーギル、コカナダモ等の外来の動植物種の侵入により（中略）琵琶湖本来の生態系は危機的な状況といわれています〉（二〇〇二年八月現在の自然保護課のホームページから引用）

と説明する。しかし寺田さんは、

「ほんまにバスの食害のせいで在来魚が減ったんですか？　憶測に過ぎないでしょ。確かにバスも食うたかもし

れんけど、何よりこれまでの開発でヨシ原をあんなに潰してきた、その影響のほうがよっぽど悪かったのと違いますか？」

と食い下がる。フナ類など琵琶湖在来種の多くは湖岸付近のヨシ原や内湖が重要な生息地だが、一九五三年に二六〇ヘクタールあった琵琶湖周辺のヨシ群落の面積は一九九〇年には一五〇ヘクタールまで激減している。一九九三年まで続いた大公共事業「琵琶湖総合開発」で堤防や湖岸道路が建設され、また多くの内湖が干拓されたことが主要因だ。

同協同組合は、琵琶湖を訪れる釣り客は年間九六万人にのぼり、ひとりが一日当たりに県内で消費する金額は八七〇〇円と試算している（県によると釣り客数は推定年間七〇万人）。さらに釣り客一〇〇〇人にアンケートを取った結果、七割の人が「リリースが禁止されたら琵琶湖には来ない」と答えたという。同協同組合は二〇〇二年六月、〈リリース禁止になれば、我々組合員は廃業に追いやられます。我々組合員の事業所には少なくとも四・五人の従業員が居ます、その家族が路頭に迷い、失業し、死活問題となります。〉（県知事あての陳情書）と、県に要綱案から侵入種条項を削除するよう求めた。

水際で捕まえた今年生まれのオオクチバスの稚魚の胃から、未消化のスジエビが丸ごと出てきた。（2002年8月2日、滋賀県高島郡マキノ町で）

魚に限らず、いったん定着してしまった侵入種を撲滅するのは難しい。広大な生息地から一匹残らず駆除することが技術的・経済的にほとんど不可能だからだ。琵琶湖の場合はそれに加えて、オオクチバスの「社会的」な定着力の強さが問題をいっそう複雑化させている、といえる。

ところで寺田さんは、

「わたしら、ブルーギルを獲るのには反対してないんですわ」

と言った。

滋賀県の条例要綱案は、各界の識者ら二四人からなる「琵琶湖適正利用懇話会」（会長＝西川幸治・滋賀県立大学学長）が二〇〇二年三月にまとめた提言をもとに作成されたのだが、侵入種条項を巡っては懇話会委員たちの間でも賛否両論が交わされていて、条項に反対の立場をとった委員の意見にも、

〈問題はブルーギルであり、そちらの対策のほうが急務〉

という指摘がみえる。

琵琶湖で釣り愛好者たちに人気なのはあくまでオオクチバスであって、冒頭で紹介したような駆除目的の大会などを除けば、ブルーギルを釣る人はほとんど皆無である。おまけにいま大繁殖しているのはブルーギルのほうで、オオクチバスは、

「ピークを過ぎて減りつつある」（滋賀県農政水産部水産課）

となれば駆除対策の重点はブルーギルにおくべきだが、要綱案のような再放流禁止の措置では、その効果はあまり期待できないのではないだろうか。

こんな疑問に、県自然保護課の苗村《なむら》光英副主幹は、
「バスもギルも琵琶湖でNOといわれている魚。それを釣って持ち帰ることは釣り人の責務だと考えてほしい」と話す。

滋賀県庁は一九八四年からオオクチバス（後にブルーギルも）の駆除事業を継続中で、特に今年（二〇〇二年）度は水産庁の補助金を得て体勢を強化した。四七〇〇万円余りの予算を組み、漁業者の協力を得ながら、約二五〇〇トン生息していると見積もるブルーギルを一〇五〇トンに、五〇〇トンいると推定されるオオクチバスを二〇〇トンまで、それぞれ今後三年間で減らす計画を立てている。県水産課の藤原公一主幹によると、「コイ、フナ、モロコなどがまだ結構、漁獲できていた昭和五〇年代後半の水準」に侵入種たちの勢力を抑え込むのが目標だという。

公費を投じて駆除を進めているかたわらで、その同じ魚を釣り人たちがせっせと再放流するのを見過ごせば整合性を欠く、というのはその通りだ。でも、だとすると新条例の侵入種条項は単に「侵入種拒否」を再確認する宣言的なものだと理解すべきなのか。

「条例を嫌って琵琶湖からルアー（疑似餌）釣りの人が減るんやったら、それはそれでむしろ歓迎すべきなんですよ」

と話すのは、滋賀県立琵琶湖博物館の中井さんだ。理由は、単にこの釣りが「在来自然を食い物にしながら成り立っている娯楽」（中井さん）というだけにとどまらない。

たとえば、彼ら釣り人たちが湖底に捨て置いていく大量の「プラスティック・ワーム」と呼ばれるルアーが

思わぬ環境破壊を引き起こしている。まるで本物のミミズかドジョウと同じような形・柔らかさ・触感を再現したこのタイプのルアーは、プラスティック原料を成型して作られる。だが、多くの製品には柔らかさを保つためにフタル酸ジエチルヘキシル（DEHP）という化学物質が添加されている。DEHPは、生物の体内に入り込むと内分泌機能を攪乱すると疑われている物質（いわゆる環境ホルモン）だ。滋賀県環境政策課が二〇〇一年春、水中に放置したプラスティック・ワームからDEHPが拡散するかどうかを調べたところ、一週間で数パーセントずつ溶け出しているという結果が出た。

「バス釣りにはとにかく問題が多すぎますよ。そんな釣り人に、外来魚駆除を頼る必要は全くないと思う。ただ、リリースなんかで（駆除対策の）邪魔だけはしてくれるなと言いたい」

と、中井さんは話した。

自然愛好者の趣味という一般的なイメージとは裏腹に、バス釣りが琵琶湖でここまで危険視されていることを、当の愛好者たちはどこまで自覚できているだろうか。

条例要綱案に対して、滋賀県に届いたパブリックコメントの九〇％は

「ブラックバス釣りは在来自然を食い物にしながら成り立っている娯楽」と批判する中井克樹さん。（2002年8月3日、草津市の琵琶湖博物館で）

遠目には美しく見えた北湖のなぎさだったが……。放置されたプラスティック・ワームや釣り糸などを探し始めたら、ものの5分ほどでこんなに集まってしまった。（2002年8月2日、滋賀県高島郡マキノ町で）

県外からのものだった。これを受けて県は二〇〇一年九月五日に大阪市内で公聴会、翌六日には東京都千代田区内で公開シンポジウムを開いた。地方自治体が自治体条例案への合意形成を図るのに、県民以外の人びとを主な対象にわざわざ県外でこうした会合を持つのは異例だが、東京シンポの冒頭、挨拶に立った國松善次知事は、

「県外からもこんなに高い関心が寄せられる琵琶湖は（環境問題を）考えるのにふさわしいフィールド。改めてみなさんで考えていただければ」

と述べ、自分たちの条例案に自信を見せた。そしてその通り、当初のポリシーを揺るがせることなく新しい条例を成立させた。

求められる「効果」

とはいえ、滋賀県が「宣言」しただけですぐさま琵琶湖の生物多様性が守れるというわけではない。

「県民の大多数が望んでいる」(県自然保護課の苗村さん)という〝昔のような湖〟を取り戻すのに、これから相当の費用と作業量が必要なことは間違いない。ブルーギルとオオクチバスによる侵入種問題に限っても、「宣言」と平行してどれだけ着実にこれら侵入種たちの個体数を抑制できるかがポイントになる。

ところが現状では、駆除対策の効果がいまひとつ見えない。県は二〇年も前から駆除事業を続けてきているのに、実際には南湖の在来魚は壊滅状態だし、北湖の沿岸ではブルーギルのコロニーが増加の一途をたどっている。見通しが甘かったと言わざるを得ないのだ。

一般に野生生物の個体数調整のためには、それぞれの群れについて個体数、年齢構成、繁殖率、生活サイクルといった生態学的情報を監視し、ごく細かなサイクルで将来の変動を予測しながら適切な対策を実践することが欠かせない。奥出湾で中井さんたちの続けているような、あるいは必要に応じて新たな調査項目をつけ加えたモニタリングを琵琶湖全体で定期的に行ない、相手の群れの趨勢を的確に判断しながら捕獲圧力を細かに調整していくということをしなければ、これまでと同じ繰り返しになりかねない。

ひるがえって現実はどうだろう。侵入種たちの実態について滋賀県が公表しているのは、駆除のために仕掛けている「えり(定置網の一種)」で捕らえた侵入種たちの総重量のデータだけだ。しかし県は、これをCPUEとして駆除事業の効果判定に用いるという。

CPUEというのは、capture per unit effortの略称で、日本語に直すと「単位捕獲努力量あたりの捕獲量」。たとえば、一カ所のえりで一日に捕れた対象魚の量がこの値となる。しかし、CPUEは確かに相手の群れの盛衰を示す目安のひとつにはなるが、これ単独では信頼性は不十分と言わざるをえない。対象種の群れの様子を確実に把握するには、繁殖効率のデータや底曳き網（えりに比べて漁獲効率は格段に高く、場所を限定されない）でのＣＰＵＥなど、ほかのモニタリング結果と突き合わせて総合的に判断することがどうしても必要だ。さらに注文をつければ、「えりＣＰＵＥ」にしても数字は総重量ではなくせめて個体数を数えるべきだし、捕れた魚の体長のデータ（年齢の査定ができる）を集めて変化を追うことも必要だろう。そうやって群れの齢構成を明らかにし、群れが今後まだ増えそうなのか、それとも頭打ちにできたのか、予測を立てながら捕獲の方法や強度を変えていかなければ、いくら予算をかけたとしても努力が空回りしてしまう危険性は高い。

おまけに琵琶湖におけるオオクチバスの「社会的定着力」の強さは前述の通りで、この対策も求められる。こうした点をあいまいにしたまま、侵入種条項を「宣言」しただけで終われば、今度は県側が整合性のなさを問われることになる。新条例が目指す「琵琶湖の自然環境の保全」も果たせないだろう。

侵入種の個体数調整（駆除・撲滅）はこのように知恵とおカネと時間をかけなければ達成できない困難な事業なのである。だが滋賀県と県民は覚悟を決めてその道に踏み出した。

次は侵入種問題をみごとに解決してみせることが滋賀県の責務である。

主要参考文献

◆琵琶湖自然史研究会編著『琵琶湖の自然史』（八坂書房、一九九四年）
◆全国内水面漁業協同組合連合会『ブラックバスとブルーギルのすべて――外来魚対策検討委託事業報告書』（一九九二年）

◆滋賀県立琵琶湖博物館監修『湖人――琵琶湖とくらしの物語――』(同朋舎出版、一九九六年)
◆日本魚類学会自然保護委員会編『川と湖沼の侵略者ブラックバス――その生物学と生態系への影響』(恒星社厚生閣、二〇〇二年)
◆中井克樹「魚類における外来種問題」(川道美枝子ほか編『移入・外来・侵入種　生物多様性を脅かすもの』収録、築地書館、二〇〇一年)
◆滋賀の食事文化研究会編『ふなずしの謎』(淡海文庫5、サンライズ印刷出版部、一九九五年)
◆戸田直弘『わたし琵琶湖の漁師です』(光文社文庫、二〇〇二年)

Reportage 5.

五〇年前の川を取り戻せ

～自然再生技術の確立をめざす

蛇行復元実験の現場へ

成長すれば体長一メートル、体重二五キログラムをゆうに超えるイトウは、日本産サケ科魚類のうち最大の種である。六〇年ほど前まで、この列島における生息南限は青森県上北郡の小川原湖《おがわら》だったが、その後、南限ラインは津軽海峡を渡ってなお北上を続け、北海道南部の河川はすでに壊滅状態だ。

「野生鮭《さけ》研究所」を主宰する魚類学者の小宮山英重《こみやまえいしげ》さん（北海道標津《しべつ》郡標津町在住）の調査では、一九七〇年代に道内でおよそ五〇を数えたイトウ生息水系は、一九九〇年代に一九水系まで減少した。残された水系も安泰ではない。歳とった成魚は確認できても、産卵床《さんらんしょう》（卵を産みつけたあと、親魚が上に砂利を盛ってマウンド状に仕上げたもの）や稚魚といった繁殖の証拠が見つからない川が増えているという。

イトウは一本の河川を丸ごと利用しながら一生を送る。北海道立水産孵化場（北海道恵庭《えにわ》市）主任研究員の川村洋司《ひろし》さんや、学術振興会科学技術特別研究員で北海道環境科学研究センター（札幌市）に在籍する江戸謙顕《かねあき》さんたちの調査・研究によると、野生イトウたちはざっと以下のような生活を送る。誕生は川の最上流部のごく浅い渓流だ。産卵床から泳ぎ出た赤ちゃんイトウたちは間もなく、氾濫原《はんらんげん》（増水のたびに川水があふれて広がるような環境）のちょっとした水たまりなど、流れのごく緩い場所に移動し、水面に積もった枯れ葉などの陰に隠れながら、河畔林《かはんりん》の葉先から落下してくる小さな昆虫類などを食べて育つ。その後やがて速い流れの中に泳ぎ出し、川の中・下流に下って主に深い場所に身を隠しながら成長を続ける。オトナに近づいてからは、時には河口域から付近の浅い海まで出て、沿岸沿いに長距離を泳いで別の川に上っていくこともある。

性的に成熟するのは五、六歳以降で、この時には五〇～七〇センチメートルほどに成長している。繁殖期を迎える雪解け直後の時期、イトウたちは川の流れに逆らって生まれ故郷の渓流を目指す。産卵場所は「平瀬《ひらせ》」と呼ばれる場所だ。同じ平瀬のうちでも、適度な水深、適度な流速で、適度なサイズの小砂利が常に上流から供給されて水底に敷き詰められているような環境を彼女たちは探し出そうとする。お気に入りの場所を見つけると、雌は川底に掘った穴の中に卵を産み、その瞬間パートナーが精子を送り込む。母親はその上から尾びれの力強いスウィングで小砂利をかけ、ハート型にもみえる独特の形に形成されるその産卵床から次の世代の小魚たちが泳ぎ出してくるのは、夏になってからだ。

　最上流部から河口域まで、このように川を丸ごと利用しなければ世代

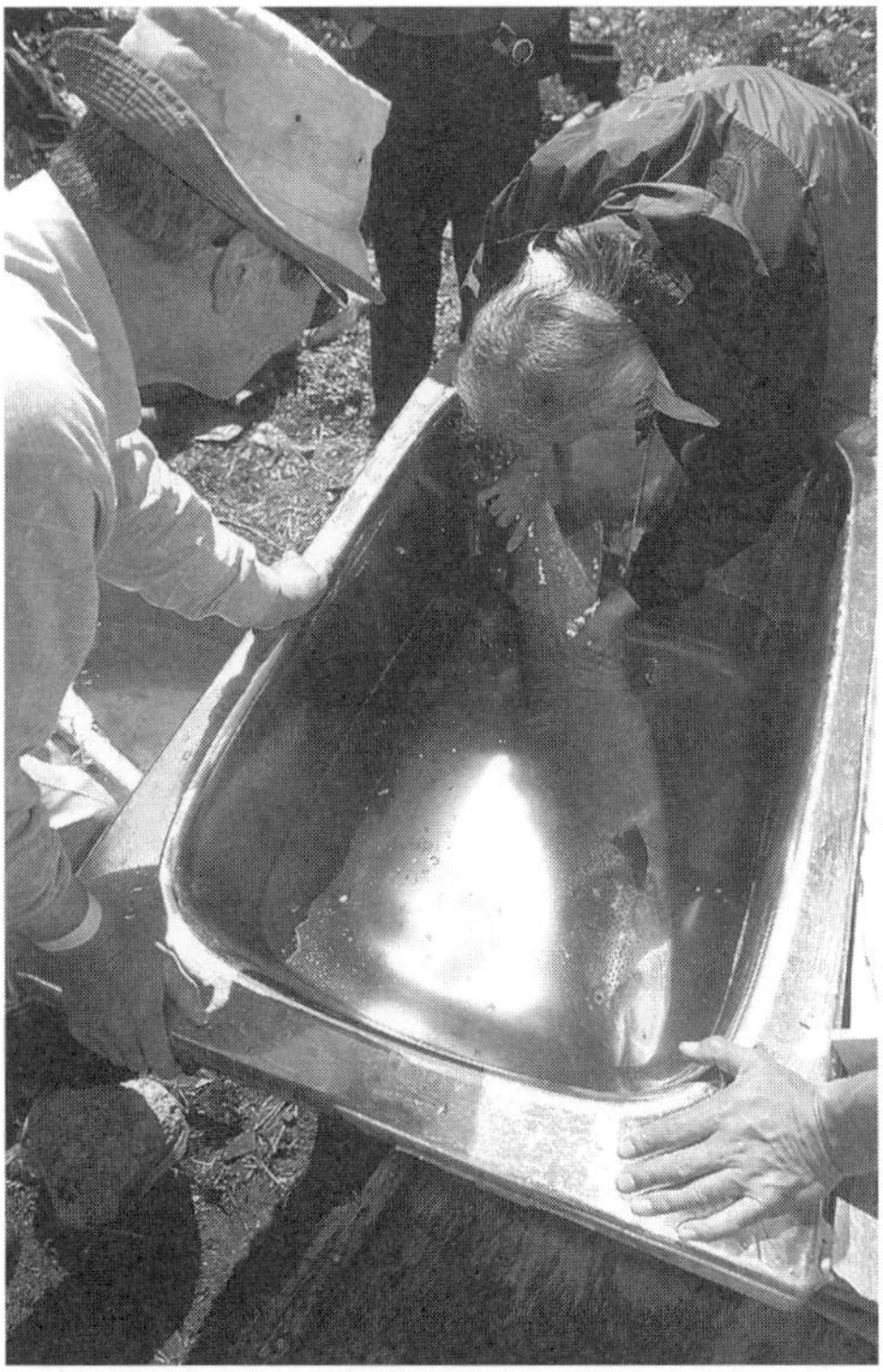

体長1メートルを超える尻別川のイトウ。かつて東北地方にまで分布していたが、河川改修などの影響を受けて生息地、個体数ともに激減し、今では道内でもごく限られた水域にしかいない。身体測定するため一時的に麻酔槽に入れられているところ。（2001年5月17日、北海道虻田郡倶知安町内で）

交代できないイトウたちにとって、あらゆる河川工事が直接的に生存の脅威となる。水源近くに造られた砂防ダムは、産卵場に不可欠な小砂利の供給をストップさせてしまう。自然河川の場合、大ざっぱに言えば淵《ふち》（比較的深く、流れの緩い部分）と瀬（比較的浅く、流れが速い部分）が交互に連続した構造をしているが、蛇行の直線化やコンクリート護岸が施されると、川は深さも流速も均一な、ただの通水路に変貌してしまう。河畔林の伐採は岸辺の隠れ場所を奪い、水面に落下する昆虫類を激減させる。さらに直射日光をさえぎるものがなくなって水温の急上昇を招く。イトウに限らずサケ科魚類は温水域には棲み続けられない。おまけに完璧な治水計画は小規模な洪水すら許さず、河原から氾濫原そのものが消失してしまった。連続するダム群が魚たちの自由な往来を妨げていることは言うまでもない。こうした川で満足に世代交代できなくされてしまった個体群は、次第に全体が老齢化し、あとは緩やかに絶滅を待つばかりである。

北海道の東部、根室海峡に注ぐ標津川はそんな「絶滅危険度」がきわめて高い川の一本だ。小宮山さんは一枚のモノクロ写真を見せてくれた。一九六二年か一九六三年に撮影されたものだという。笑顔の若い男性が、巨大なイトウを、その頭部を両手で引っ張り上げるようにして胸の前に掲げようとしている場面だ。大きすぎて全身を横にした状態では持ち上げられなかったのだろう。イトウの尻尾はフレームアウトしてしまっているが、頭部のサイズなどから計算して、全長一・五四メートル、体重四〇・九キログラムと小宮山さんは推定している。この種としては最大級の大きさだ。こんなお化けみたいな魚が当時の標津川には棲んでいて、釣り人に釣られていた。

ところが現代ではこのような「超大物」は夢のまた夢。

「標津川のイトウはほぼ絶滅状態です」

と小宮山さんは話した。その最大の要因はやっぱり河川「改修」工事だという。

標津岳（一〇六一メートル）に発する長さ四九キロメートル、流域面積九三二平方キロメートルのこの川がこれまで受けてきた仕打ちを知るには、国土地理院発行の地形図を開くだけでよい。根室海峡に面した標津町と、西隣の中標津町《なかしべつちょう》の境界を示す黒色の二点破線は、一部がまるでフィヨルド（峡湾）の海岸線のように細かく曲がりくねっている。標津村（当時）から中標津村（同）が分村した一九四六年、人びとがこんなふうに複雑な村境を引いたのは、そこにそのように標津川が流れていたためだ。ところが同じ図上で、標津川を表す水色のラインは町境のジグザグを全く無視するようにまっすぐに描いてある。改修工事で川の蛇行を徹底的に直線化した結果、かつて河道に合わせて引いた行政区界だけが地図上に置き去りにされてしまったのである。

標津川は分類上、北海道知事が指定する「二級河川」とされている。二級河川は、国土交通省（旧建設省）が直接管理する「一級河川」と異なり、原則として地方自治体が面倒を見ることにされている川だ。しかし標津川では、アジア太平洋戦争直後から「緊急開拓事業」名目の国費による改修工事が始まった。一九五三年には「特殊河川」（特に開拓事業と一貫した整備が必要な河川）、一九六五年以降は「指定河川」（北海道総合開発のため整備が必要な河川）とされ、これまで百数十億円の工事費が注ぎ込まれてきた。

いまの川の姿はその「成果」だ（次ページの図参照）。〝フィヨルド〟の隣り合う頂点同士を最短距離で結んだうえ、その両側に小高い堤防を平行に築いて、川が再びうねり流れようとするのを封じ込めた。かつて川の両側およそ二キロメートルの幅で内陸部まで帯状に続いていた湿原地帯はほぼ完璧に排水され、ショートカット工事後に切り離された旧河道《かどう》が三日月湖となってぽつりぽつりと残る以外、全面的に牧草畑に変貌している。川からはイトウが消え、アメマス（サケ科）が消え、河畔からは大径木《だいけいぼく》にしか営巣できない大型の猛禽《もうきん》シマフクロウ（フクロウ科）が消えた。いまも昔と変わらないのは、海岸部を除いて川の下流部周辺に人家がほとんどないことくらいだ。

　ところがここにいたって、国土交通省が「配慮」を見せ始めている。標津川を舞台に二〇〇二年度から「自然再生事業」をスタートさせたのだ。いままでとはまるで正反対に、

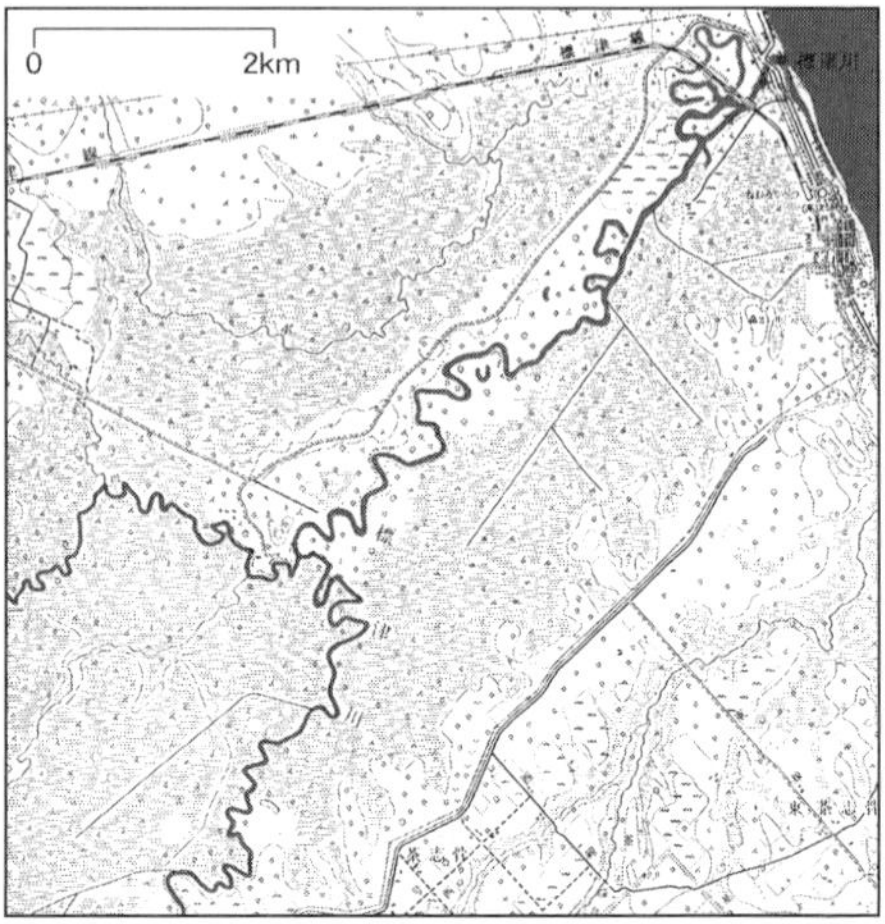

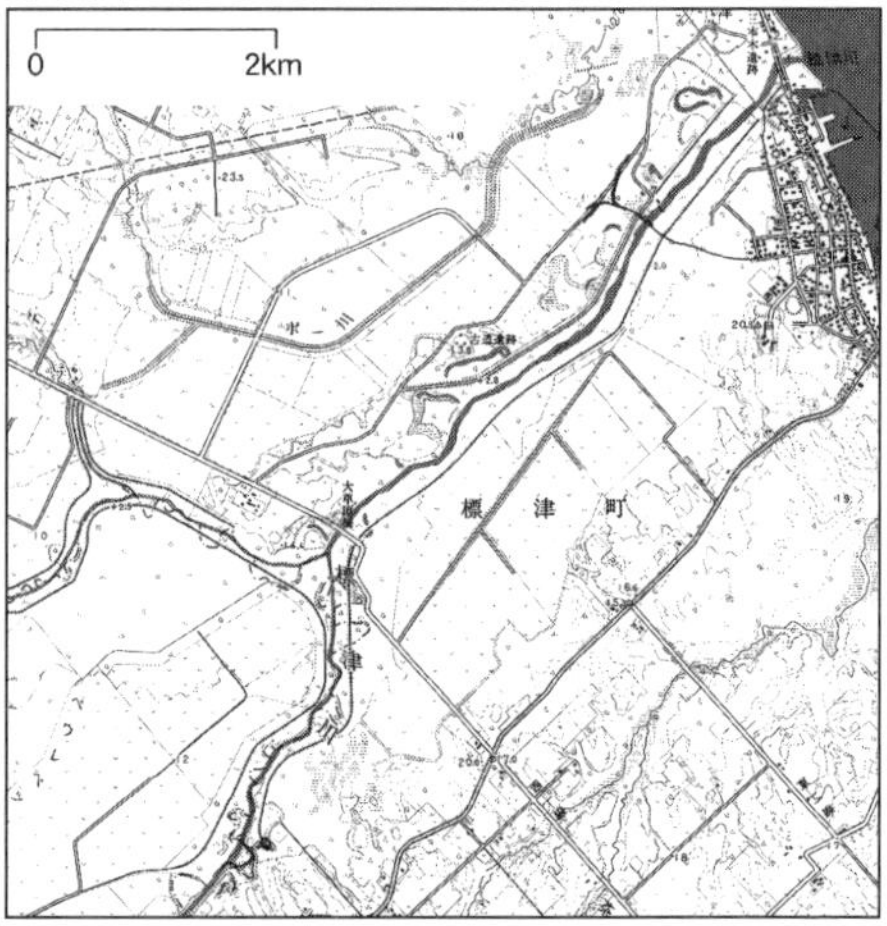

1957年の標津川（上）と、現在の標津川（下）。激しかった蛇行がすっかり“改修”されてしまったことが分かる。

〈全国初の大規模な自然復元のモデルケースとして、蛇行河川の復元や河川植生の保全など、様々な取り組み〉（国土交通省釧路開発建設部広報資料）

を進めるという。河川法が一九九七年五月に改正されて、従来の治水・利水に加え、水質・景観・生態系などの河川環境の整備と保全が河川管理の目的のひとつになった。標津川の自然再生計画は、この新しい目的を果たすために実施する新しいタイプの公共事業だといえる。これまで改修工事でこの川の生物多様性を破壊し続けてきた張本人ともいえる役所が、重い腰をやっと浮かせたのである。

しかしハッキリ言って、そもそも河川法の改正自体が遅すぎた。標津川の新事業で

〈目指す環境は、昭和四〇年レベル〉（財団法人河川情報センター『PORTAL』二〇〇一年九月号）

といまさら言われても、だれの頭にもまず浮かぶのは、

「だったらなぜもっと早く方向転換できなかったの？」

という疑問だろう。

ともあれ現場を見に行こう。二〇〇二年五月下旬のある雨の朝、標津川河口から約八キロメートル上流の河川敷に向かった。国土交通省釧路開発建設部が小規模な蛇行復元工事を行なったばかりの実験地があるのだ。川沿いに造られた砂利舗装の堤防道路をレンタカーで走り抜ける途中、ふいに前方に現れたのは、一頭のエゾユキウサギ（ウサギ科、ユキウサギ亜種）だ。換毛期を過ぎてすでに完全に夏毛になっている。クルマを停めると、ウサギは一瞬立ち止まってこちらの様子をうかがってから、素早く堤防外（川のある側）の草むらに駆け込んでいった。さらにしばらく進むと、今度は二頭連れのエゾシカ（シカ科、ニホンジカ亜種）が路肩で

頭を垂れて何かの草をはんでいる。角を生やした雄たちだ。体格からみて、どちらもおそらく二歳になったかならないかの若者だろう。速度を落としてそろそろと近づくと、距離が五〇メートルほどに縮まったところでタイヤが砂利を踏む音に気づかれた。二頭同時にびくっと頭を上げて直立不動になったと思ったら、次の瞬間にはみごとな跳躍と真っ白いお尻を見せつけて堤防内（川と反対側）の雑木林の向こうに消えた。

中型、大型の野生哺乳類にこんなふうに道端で出合うのはここ道東地方では珍しくはないとはいえ、動物好きにはうれしいハプニングだ。でも、だからといって「北海道は自然の宝庫です」と胸を張って自慢できないのが道民のひとりとしては辛いところ。なぜなら、エゾユキウサギやエゾシカは原生的な自然環境よりもむしろ人の手が徹底的に入り込んでいる農耕地や造林地のほうを好む動物たちなのだ。見回せば標津川のこの河岸に原生林や原生湿原など影も形もありはしない。整地された河川敷と広大な牧草地が広がるところどころに、草刈りなどの管理が行き届かないせいで放置された草やぶや雑木林が見られる程度だ。

道端に蛇行実験を解説する立て看板が見えたのでクルマを停めた。積んできたゴム長に履き替えて堤防を降り、そこに建っていたプレハブの事務所小屋に見学したい旨を告げて川に向かう。除草され、更地のようにならされた砂地の河川敷の向こうは切り立った崖だ。縁に立って覗き込むと、五メートルほど下方を川水が結構な速度で流れている。水路幅はざっと一〇メートル、孤を描く流れの曲率半径は七〇メートルほどだろうか。水流と同じ向きに崖沿いを進むと、すぐに本流との合流点に出た。

上空から俯瞰《ふかん》すれば、ちょうどDの字の縦棒を上下に延ばしたような地形が見えるはずだ。縦棒が直線河道、孤の部分が復元した蛇行河道である。かつての蛇行の名残である小さな三日月湖のひとつを利用し、その水口

かつての蛇行部（左手）を直線河道（右手）に再接続した。1～2年かけて周囲の環境変化を調べるという。（2002年5月21日、北海道標津郡標津町の標津川で）

と水尻をこの三月、直線河道と結び直した。溜まっていた土砂を掘り取ると同時に、水口直下の本川に堰を設けて水位を上げ、再び通水したのである。

とはいえ一目見た限りでは、

「ありふれた工事現場と一体どこが違うの？」

という印象である。ここまで走って来る途中、堤外にいくつか小さな三日月湖（かつての蛇行跡）を目にしたが、こんもりと茂った木々に囲まれたそれらのほうがよほど動植物の生息数は多そうだった。実際、標津川周辺のそうした三日月湖には、魚類を中心に希少種たちの生息が確認されている。

現場からクルマを飛ばしてその午後、釧路市内の合同庁舎ビル七階のオフィスに国土交通省釧路開発建設部の佐々木淑充《よしみつ》・治水課長を訪ねた。その説明によると、この蛇行実験では、洪水に対する安全度を下げないために引き続き直線河道にも流れは維持しながら、護岸なしの蛇行河道が通水によってどう変化するか、周囲の動植物相がどう変わっていくか、また地下水や水質にどんな影響が現れるかといったことを一〜二年かけて調査する。その結果を踏まえながらほかの地点でも蛇行復元工事に移る計画だという。

自然再生技術の確立をめざす

この事業にはお目付け役の機関がある。標津・中標津両町長を含む地元の一二人からなる「標津川流域懇談会」と、河川や自然科学の専門家一五人で構成される「標津川技術検討委員会」だ。事業の目標を「昭和四〇年のレベル」と決めたのは前者。後者はその実現に向けて具体的な事業プログラムを練る役割を担う。これまた、改正河川法がいう〈住民の意見を反映させるため〉の新しいスタイルといえる。

しかし、ここで注意して見なければならないのは、これらがいわゆる「お抱え懇談会」「御用委員会」でないかどうかという点だろう。何しろこれまでの河川行政といえば、無目的で環境破壊的な公共事業に、形式だけの外部委員会が密室でお墨付きを出す茶番を繰り返してきたのだから……。たとえば、同じ北海道でのその典型例を、日高地方の沙流《さる》郡平取町《びらとりちょう》を流れる沙流川に建設された二風谷《にぶたに》ダムの審議会に見ることができる。ダム用地の買収に応じなかったばかりに地所をおかみに強制収用された先住民族アイヌの萱野茂《かやのしげる》さん、貝澤耕一《かいざわこういち》さんが裁判に訴えてまで収用の取り消しを求めていたその最中、北海道開発局（現・国土交通省北海道開発局）はすでにダム堤体の工事をどんどん進めていたが、道知事や近隣の町長や大学教授やシンクタンク経営者らで構成された「沙流川総合開発事業審議委員会」（北海道開発局長の諮問機関）は、国に苦言を呈するどころか、平気でダム湛水《たんすい》にゴーサインを出した（この経緯は共著書『環境を破壊する公共事業』［週刊金曜日編集部編、緑風出版、一九九七年」に詳しい)。一九九六年三月、いまからつい七年前のことである。その後、河川法が改正され、省庁再編成で北海道開発局は国土交通省の傘下に組み込まれたが、はたして中身まで改善できているかどうか。

疑心暗鬼の気持ちをそのまま伝えると、標津川技術検討委員会の委員長を務める中村太士《ふとし》・北海道大学大学院教授(森林管理保全学)は、

「標津川の場合も(市民やメディアによる)監視の眼は当然必要です」

と率直に認め、こう語った。

「いままでしゃにむに直線化してきた川をまた曲げるなんて、土木官庁の仕事を減らさないためのマッチポンプじゃないかっていう批判もあります。治水一辺倒の従来の河川政策は明らかに行き過ぎだったし、行政もそこは反省の必要がある。でもそのうえで、行き過ぎた部分を食い止めるために、いまできる最善策を講じるべきだと思うんです」

中村さんは一九五八年生まれ。著書『流域一貫　森と川と人のつながりを求めて』(築地書館、一九九九年)に、次のように書いている。

「水路を作る発想では蛇行復元は失敗する。川の自然に対して謙虚な気持ちで向かわなければ」と語る中村太士さん。(2002年5月18日、札幌市の北海道大学農学部で)

〈河川システムは水・土砂の移動に関する物理系と水生生物の生育に関する生物系が相互に作用を及ぼすきわめて複雑な系である。（中略）予測に基づいた技術論の展開は不可能に近い。結局のところ、「仮説―検証―改良」型の試行錯誤を繰り返す以外にないと思われる。筆者がこうした発言をすると、技術者の多くは、行政に失敗は許されないとよく言われる。本当だろうか。人間である以上、失敗があるのは当然であるし、失敗があってこそ技術的発展が可能になるのではないか。一般市民は、行政の施策に失敗がないなどと思っていない。彼らは行政が失敗を隠していると思っている。いま求められることは、情報の公開と「なぜ失敗したのか」を明らかにできるモニタリングシステムの確立である。〉

この視点は、旧世代の河川工学者のものではなく、むしろ生物多様性保全の考え方に影響を受けた立場からのものだ。

まず事業の目的を明確化し、そのために必要な管理方法を吟味する。その管理方法すら「実験」とみなし、継続的なモニタリングによって得た情報を科学的に評価し、以降の管理方法にリアルタイムに反映させる。またデータや評価結果は社会に公開し、つねに合意形成を図り続ける――。中村さんは、こんな「順応管理（アダプティヴ・マネジメント）」と呼ばれる手法に造詣が深い。彼にとって、標津川での実験的な自然再生事業はまたとないケーススタディなのだろう。この流儀で河川における「自然再生の技術論」を確立し、一般社会の批評に耐えうる新しい評価軸を作ることが専門家としての自分の役割です、と中村さんは話した。

「新しい評価軸」が必要、というのはこういうことだ。川の工事計画はこれまで、一〇〇年に一度、あるいは五〇年に一度の大雨にもあふれないようにといった「安全度」をほとんど唯一の基準に、全国一律に作られてきた。ところが河川法が改正され、川の管理の目的に環境保全が加わり、「国は中央集権的に工事計画を立てられなくなったんです」（中村さん）

一九九七年の河川法改正では法律の冒頭にある「目的」が大きく書き改められて、このように変わった。

〈この法律は、河川について、洪水、高潮等による災害の発生が防止され、河川が適正に利用され、流水の正常な機能が維持され、及び河川環境の整備と保全がされるようにこれを総合的に管理することにより、国土の保全と開発に寄与し、もって公共の安全を保持し、かつ、公共の福祉を増進することを目的とする。〉（河川法第一条）

旧法から引き継いだ「災害の発生の防止」（治水）や「流水の正常な機能の維持」（利水）と、新しく加わった「河川環境の整備と保全」とが、同列に並んでいることがポイントだ。治水・利水・環境保全の三つの目的が、ここでは優先順位なしに掲げられている。この新しい法律を遵守する限り、論理的には「治水・利水vs環境保全」といった従来のような対立はもうありえないことになる。中村さんはこの点に大きな期待を寄せ、また自説を主張する際の大きな「武器」としても活用しているようにみえる。

〈残念ながら、多くの技術者に未だその認識は薄いが、法律は三つの目的に優劣をつけてはいない。三つの目的を同時に満たすように、計画管理すべきなのである。〉（中村太士「多自然型川づくりの歩みと今後の展望」〔社団法人日本河川協会『河川』二〇〇一年一一月号収録、二〇〇一年〕）

とはいえ、これはもちろん簡単ではない。そもそも、ある河川工事を見て、前述の三つの目的がはたして等しく満たされているのか、それとも満たされていないのか、どんなふうに正しい判定を下すことができるだろう？　ともかく治水の達成を至上命題にしてきた従来の河川工事では、定めた流量を安全に流せるかどうかで計画の正当性や工事の達成度を判断できたが、自然再生事業ではこのやり方は通用しない。単に川を再蛇行させさせれば合格、というわけではないからだ。すなわち「新しい評価軸」が必要になってくる。

中村さんは苦笑しながら、

「実はいくら流路を曲げても、氾濫させないんではほとんど無意味なんですよね」

と続けた。標津川の生態系を再生するためには氾濫原の復元こそ重要だ、という。氾濫原は、水界と陸界の境目にあって多くの動植物に棲み場所を提供する。イトウのように巨大で強力な肉食魚も、かよわい稚魚時代には氾濫原に形成される流れのごく緩い環境中でしか生き延びることができない。河川を取り巻く生態系のおびただしい構成員たちにとって、氾濫原は欠くことのできない環境なのだ。標津川の自然再生事業にとっても、目標と定めた「昭和四〇年レベル」の自然の復元は、氾濫原の再創出なしに達しえない。

「でも、川を氾濫させるということは川の流路を決めないということなんです。ところが河川技術者たちは、蛇行を復元すると言ったら、それを文字通りに受け取って曲げた流路をそのまま固定しようとしちゃう。これまでと同じ設計感覚なんですよ。標津川の現場でいまやってる蛇行実験でも、実は氾濫原は復元できていません。これまで川を直線化してきた結果、河床が水流で掘られて、改修前に比べて五メートルも下がってしまっていたことが直接の原因なんですけどね。でも技術的には、河床の高さはこのまま川水を氾濫させる方法がないわけじゃない。でもねえ、僕はとりあえず彼ら（国土交通省）にはこのまま続けさせてみようと思ってるんです。というのは、役所や技術者たちが自分たちで、実はこれじゃダメなんだと気づいてくれれば、この実験も無駄ではないと思ってるからなんですけど」

　こんなことを笑顔で話す人物が諮問機関の委員長として登用されたあたり、日本の河川行政が本当に態度を改め出したことの表れとは言えるかもしれない。

イトウ「復活」はなるか

　さてでは、標津川自然再生事業における「新しい評価軸」とは具体的にはどんなものだろう。

　標津川技術検討委員会は、標津川の南方約八キロメートルをほぼ平行して流れる当幌《とうほろ》川を「照合地域（リファレンス・サイト）」と決めた。当幌川は規模こそ小さいものの、標津川と対照的にこれまで人の手がほとんど入っていない。事業目標に掲げたものの、当の標津川ではもはや確認しようのない「昭和四〇年レベル」の自然環境データを、現在の当幌川に求めたわけだ。

　すると同時に、このリファレンス・サイトは事業の目標達成度を計る物差しとしても使えるようになる。自然再生事業によってリファレンス・サイトの自然をどのくらい「模倣」できているか、観察と比較によって一目で表示できるからだ。

　国内にまるで前例のない手法だが、釧路開発建設部の佐々木課長は、

「公共事業である以上、費用対効果も当然考慮しなければなりませんし、リファレンス・サイトを利用するやり方も含め、評価手法の開発も本事業の目的のひとつだと考えています。時間はかかるかもしれませんが、ここでの成果をモデルとして全国に波及させることができれば」

標津川技術検討委員会が、自然再生のお手本に選んだ当幌川。くねくねと蛇行している
うえ、河畔林が発達していて、橋の上からでさえ水面がよく見えないほどの自然河川だ。
(2002年5月21日、北海道標津郡中標津町で)

と話す。標津川自然再生事業はこれまでのところ、中村委員長率いる技術検討委員会のリーダーシップで進んでいるようだ。

だったらイトウの復活も期待していいだろうか。同じ技術検討委員会の委員でもある野生鮭研究所の小宮山さんはしかし、苦笑しながら

「この目標だけは残念ながら果たせないでしょう」

と話す。

肉食性で生態系ピラミッドの頂点に位置すること、上流から最下流まで流域全体を利用しないと生きられない生活史、サケ科なのに海をうまく利用できない不器用さ――。そんな点から見て、今回のように流域の限られた区間のみの自然再生事業でイトウを保全・復元することは不可能、という判断だ。標津川自然再生事業の当面の対象地は、標津町郊外の「サーモン橋」と「大草原橋《だいそうげん》」に挟まれたわずか約三・五キロメートルの区間に過ぎないのである。

しかし小宮山さんは、これから再生を目指す生態系のシンボルとしてイトウを戴《いただ》くことは決して無意味ではない、とも語る。

「イトウ個体群の復活を目標にして自然再生を目指してがんばり続ければ、たとえイトウそのものには届かなくても、まわりの自然は相当再生できるはずですからね」

河川管理の目標にイトウ保護の文言があれば、それを根拠に自然再生に向けて担当官庁の尻を相当強く叩き続けることができるというわけだ。だがそれには、こうした事業に対する第三者の監視の目を強化することがどうしても欠かせない。

たとえば、同じようにイトウ個体群が絶滅寸前といわれる北海道西部の尻別川《しりべつがわ》で、北海道建設部が一九九五年から二〇〇一年にかけて、虻田《あぶた》郡喜《き》茂別町《もべつちょう》の五キロメートル区間に「多自然型川づくり」を施した。その解説リーフレットにはイトウの名も見えるが、従来のようなコンクリート護岸こそ停止したものの、両岸に鬱蒼《うっそう》と茂っていた河畔林をほとんど丸裸に伐採してしまった。流域の人びとは工事後に初めて実態を目の当たりにしたといい、「ありゃあ無自然型川づくりだ」（地元のイトウ保護グループ「尻別川の未来を考えるオビラメの会」の吉岡俊彦事務局長）と憤慨するばかり

「20世紀の日本人は、本来の姿をした川との共存を否定してきたが、別の選択肢があることをこの事業で示せる可能性がある」と話す小宮山英重さん。（2002年5月20日、北海道標津郡標津町で）

だった。この改修工事の結果、付近ではイトウは棲みやすくなるどころか、かえって環境は悪化した。

いまの時代、土木系役所が「絶滅に瀕したイトウに配慮します」と言えば、マスメディアの受けはいいだろう。予算も獲得しやすいかもしれない。だが小宮山さんが言うように現実には達成困難な目標であるだけに、「本当にとことん努力するのか」といつも監視の目を光らせていなくては、イトウはただのお飾りとして使い捨てられる危険がある。

再び標津川のケースでは、流域懇談会・技術検討委員会を公開し、傍聴者にはいつもアンケート用紙を配って意見を聞く努力をしているという。だが会合を平日の日中に開催するせいもあって、傍聴者の数は毎回一〇人前後だ。

「情報発信と意見の収集をいかに上手に進めるかも今後の大きな課題」

と佐々木課長は話した。この問題に関しては、モデル事業でも決定打はまだ出ていない。

標津川の自然再生事業はスタートを切ったばかりである。リファレンス・サイトを模倣するというアイディアや、アダプティヴ・マネジメントの採用は魅力的だが、全体計画も事業予算もハッキリしない現段階では、お手並み拝見というほかない。またモデル事業ならば、全国のほかの河川事業に踏襲されなければ意味がない。住民たちが自然再生を望む川は全国に無数にあるはずだが、それらをさしおいて国土交通省が標津川で蛇行復元実験を始めることができたのは、

「工事区間の両岸に私有地がなかったことが大きい」（佐々木課長）

堤防に農地や家屋が迫っているような大半の川ではこうした規模の自然再生はできない、ということの裏返

しなのだが、この点を今後どうクリアしていくのか。また、いっぽうで川辺川《かわべ》ダム用地（熊本県球磨《くま》川）の強制収用のように旧来のやり方を進める国土交通省を、わずかな自然再生事業で免罪することはできない。

とはいえ、標津川では何よりもまず、目標に掲げた「昭和四〇年のレベル」を真に実現してもらわなければならない。

「五〇年かけて変えてきた自然環境を、これから五〇年かけて戻せばいいんです」

と小宮山さんは話す。イトウがそれまで待ってくれるかどうか心許ないが、半世紀後、「イトウをみすみす絶滅させた世代だ」と人びとから指弾されないためには、わたしたちはとにかくこのモデル事業を成功させなければならない。

主要参考文献

◆小宮山英重「イトウ」（長田芳和・細谷和海編、日本魚類学会監修『日本の希少淡水魚の現状と系統保存—よみがえれ日本産淡水魚—』緑書房、一九九七年）
◆川村洋司「イトウの保護も一支流から（イトウだって母川回帰）」（北海道立水産試験場・水産孵化場『試験研究は今』四四〇号収録、二〇〇一年）
◆江戸謙顕、東正剛『生物と環境』（三共出版、二〇〇二年）
◆社団法人北海道土木協会『一級河川、二級河川及び準用河川調書』各年度版
◆北海道開発局『昭和三八年度以降直轄河川改修総体計画総括書（Ⅱ）』（一九六三年）

◆北海道開発庁北海道開発局監修『北海道の開発』各年度版（北海道開発協会、一九六九〜一九七三年）
◆週刊金曜日編集部編『環境を破壊する公共事業』（緑風出版、一九九七年）
◆中村太士『流域一貫　森と川と人のつながりを求めて』（築地書館、一九九九年）
◆中村太士「多自然型川づくりの歩みといま後の展望」（社団法人日本河川協会『河川』一一月号収録、二〇〇一年）

Reportage 6.

ディアハンターは鹿を絶やさない

〜野生動物保護管理《ワイルドライフ・マネジメント》の成果と課題

狩猟者が担う保護管理制度

タアアアーン。

乾いた破裂音が夜明けの冷たい空気を震わせた。二〇〇一年一一月一日午前六時一〇分。オホーツク海に近いここ北海道紋別《もんべつ》郡西興部《にしおこっぺ》村《むら》に、二〇〇一―二〇〇二年エゾシカ狩猟シーズンの幕開けを知らせる銃声だ。

射手は、北海道大学大学院獣医学研究科助教授の鈴木正嗣《まさつぐ》さんである。シカ類をはじめとする大型哺乳類の生態研究者として、また野生動物保護管理（ワイルドライフ・マネジメント）の専門家として、北海道のエゾシカ保護管理政策を支えているひとりだ。狩猟歴も一〇年を超える。

「現在のエゾシカ保護管理は、良くも悪くも狩猟者頼み。モニタリングもシカ肉の有効利用も残滓《ざんし》処理の問題も、ハンターの意識向上が不可欠なんです」

こんなふうに話す鈴木さんの今季の初猟に同行したのは、「保護管理を担うハンティング」をこの目で確かめようと思ったからだ。

まだ雪のないこの時期、シカ猟はいわゆる「流し猟」となる。クルマで林道をゆっくり「流し」ながら相手を探し、見つけたら静かに忍び寄って仕留めるのだ。この朝、夜明け前にホテルを出て向かったのは、地元のベテランハンター中原慎一さんに前夜勧めてもらった好ポイントである。しめしめ、ほかのハンターはまだだれも来ていないようだ。薄明かりの中、広大な牧草地に目を凝らす。幸先よく日の出の一〇分ほど前に最初のターゲットを発見した。二頭の雄だ（角があるのでそうと分かる）。シカたちは互いに向き合って立ち、細かい

牧草地に姿を現した雄ジカが、立派な体躯を見せつけるようにゆっくりと歩く。（2001年11月1日、北海道紋別郡西興部村で）

ステップを踏みながら時おり勢いよくぶつかり合っている。角突きだ。熱中していてこちらに気づく様子はない。何といってもシカたちにまだ警戒心がないのが、狩猟解禁日の大きなアドバンテージである。

鈴木さんはクルマを降り、ライフルを肩に草原を低い姿勢でストーキング（こっそり隠れながら近寄ること）し始める。大木の切り株を見つけてその上に銃身を委託し、スコープに顔を当てて照準を定める段になっても、相手はまだ気づかない。そのまま太陽が山の端から顔を出し、鈴木さんは解禁時間とほぼ同時に「初物」を倒した。相棒を撃たれたもう一頭は、びくりと飛びずさった後、奥の林内に一目散に姿を消した。

駆け寄ってみると、獲物は遠目で見積もった以上に大きかった。満二歳の若シカで、体重はざっと一〇〇キロほどだろう、という。バーンズ弾（ライフル弾丸の一銘柄で、鉛を含まない）は首の脊椎を砕いていたが、血管は傷つけずに済んだようで出血はほとんどない。まだ息があったので、鈴木さんはもう一度発砲してとどめを刺した。毛の小さな塊がパッと散り、火薬の臭いが風に乗って流れていく。

今度は大急ぎで運搬にかかる。用意のロープを二本の角に絡めて二人がかりで引きずり始めたが、ほんの五〇メートル先の農道までたどり着く間に汗だくになる。急ぐのには訳がある。撃ち倒したらいち早く腹を割いて内臓を抜かないと、筋肉の中に余分な血液やガスが残留して、肉の品質が一気に落ちてしまうのだ。

シカを牧草畑から引きずり出すと、鈴木さんはさっそく解体に移った。まだ温かい死体を仰向けにしてから、小さなナイフで下腹部に切り口をつけ、差し込んだ刃先で胸に向けて皮と肉を切り開いていく。胃・肝臓・肺臓・心臓……次々に現れる内臓はどれもつやつやときれいで、美しささえ感じるほどだ。予想に反してほとんど無臭である。

むっとするニオイが立ちこめたのは、すべての内臓を地面に取り出し終えてから、土の上で胃袋を割いた瞬間だ。サッカーボールほどに膨らんだ中に消化中だった植物の繊維が詰まっていた。まだ青々として、死の直前まで食べ続けていた牧草がその主体だと分かる。

それにしても、と改めて思う。たとえ農家が作付けした牧草が彼の食べ物の主体だったとしても、また活動時間の四割を食べることに費やすのだと知らされても、生まれてからたった三年足らずの間に一〇〇キログラムもの体重に達するとは――。臓物を抜いた腹腔の奥、脊椎骨の両脇には、無数のゴムバンドを束ねたような見事に発達した背中の筋肉（いわゆるフィレ）が露わになっている。植物しか食べない草食獣が、いったいどうやってこんな素晴らしい肉体を作り上げることができるのかと感嘆せずにはいられない。

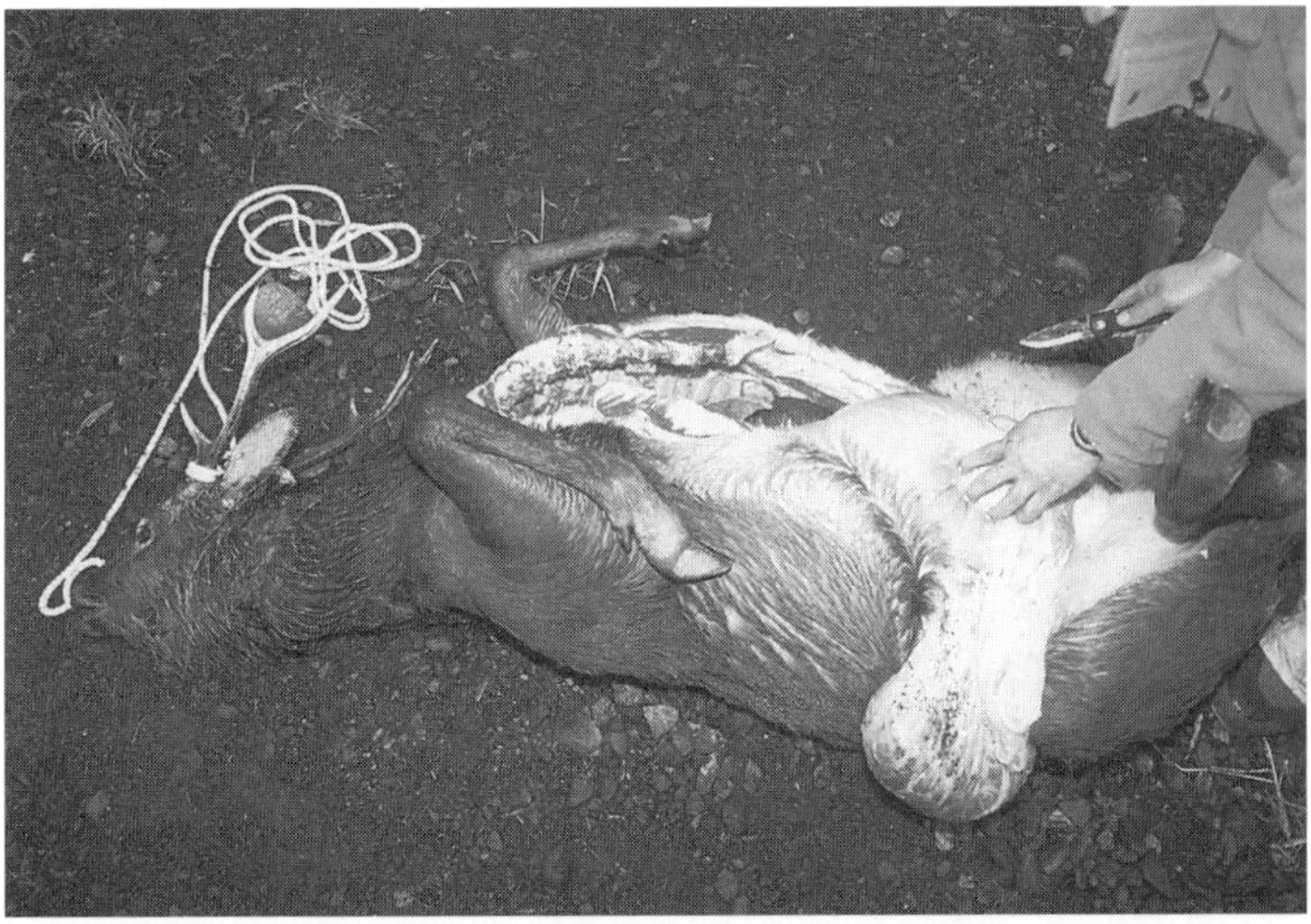

解体作業では、肉質を落とさないよう適切な手順を踏む必要がある。下腹部から慎重にナイフを入れ、アバラを開いて内臓を摘出する。手際の良し悪しは「狩猟文化」のレベルを図るバロメーターだ。（2001年11月1日、北海道紋別郡西興部村で）

そのからだをいま手中にした狩猟者には、獲物はまさに「大地からの恵み」だ。狩猟の楽しみは多岐にわたるが、最後は獲物の肉をおいしくいただくことで完結する。高級レストランのメインディッシュを務める野生のシカの肉のうまさは折り紙つきだ。とはいえ処理を誤れば台無しである。ただ単に急げばよいというわけでもない。腸の中の消化物や膀胱《ぼうこう》に溜まった尿、地面の土などを肉に付着させれば、もう食用には適さなくなるからだ。

現場での解体作業を終えた時、時計はちょうど午前七時を指していた。鮮やかな手さばきはきっと、鈴木さんが獣医学の教師だからという理由もあるのだろう。だがここまでの処置は、衛生的でおいしいシカ肉を味わうためには狩猟者のだれもが身につけておくべき基本テクニックといえる。

ところがこうした技術を学んで現場で実践できている人は意外に少ない、と鈴木さんは話す。

「そもそも学ぶチャンスがほとんどない。猟友会や行政が、講習会を開くなどしてハンター教育をもっと徹底すべきだと思うんですが」

北海道庁が「道東地域エゾシカ保護管理計画」を策定したのは一九九八年三月である。エゾシカの食害による農林業被害額が年間五〇億円を突破し、生息地周辺の森林生態系にも大きな影響を与え出していると分かったため、〝増えすぎた〟シカの数を適正レベルまで引き下げることを主目的に、まず「緊急減少措置」をとり始めた。政府の新しい「特定鳥獣保護管理計画制度」に基づいて二〇〇〇年には対象エリアを拡大するなどしながら、事業は五年目を迎えた。

「緊急減少措置」は、雌ジカの狩猟解禁、猟期の延長、一日当たりの捕獲許可頭数の上乗せ、可猟区の拡大といった狩猟規制の緩和によって行なわれ、以来、狩猟期と狩猟期外を合わせて毎年五万数千〜八万数千頭ずつのシカが捕獲されている（次ページのグラフ参照）。

ところが地元北海道ですら、スーパーマーケットでシカ肉が売られているのを見かけることはない。ジビエ（狩猟鳥獣肉）を扱う専門業者やレストランを探し出せば味わえなくはないが、店数は少ない。統計はないものの、捕獲数に比べて市場に流通している量がほんのわずかな割合に過ぎないことは明らかだ。エゾシカ肉には先述のように高級食材としての潜在的需要があるのに、集荷・精肉・衛生検査といった面での流通システムが全く未整備なのである。

狩猟者にすれば獲物の販路がないわけで、撃った後の取り扱いもお座なりになりがちだ。挙げ句、倒したシカのからだから口当たりの良いロースやモモ肉だけを荒っぽく削り取り、残りの部位はすべてその場に放置し

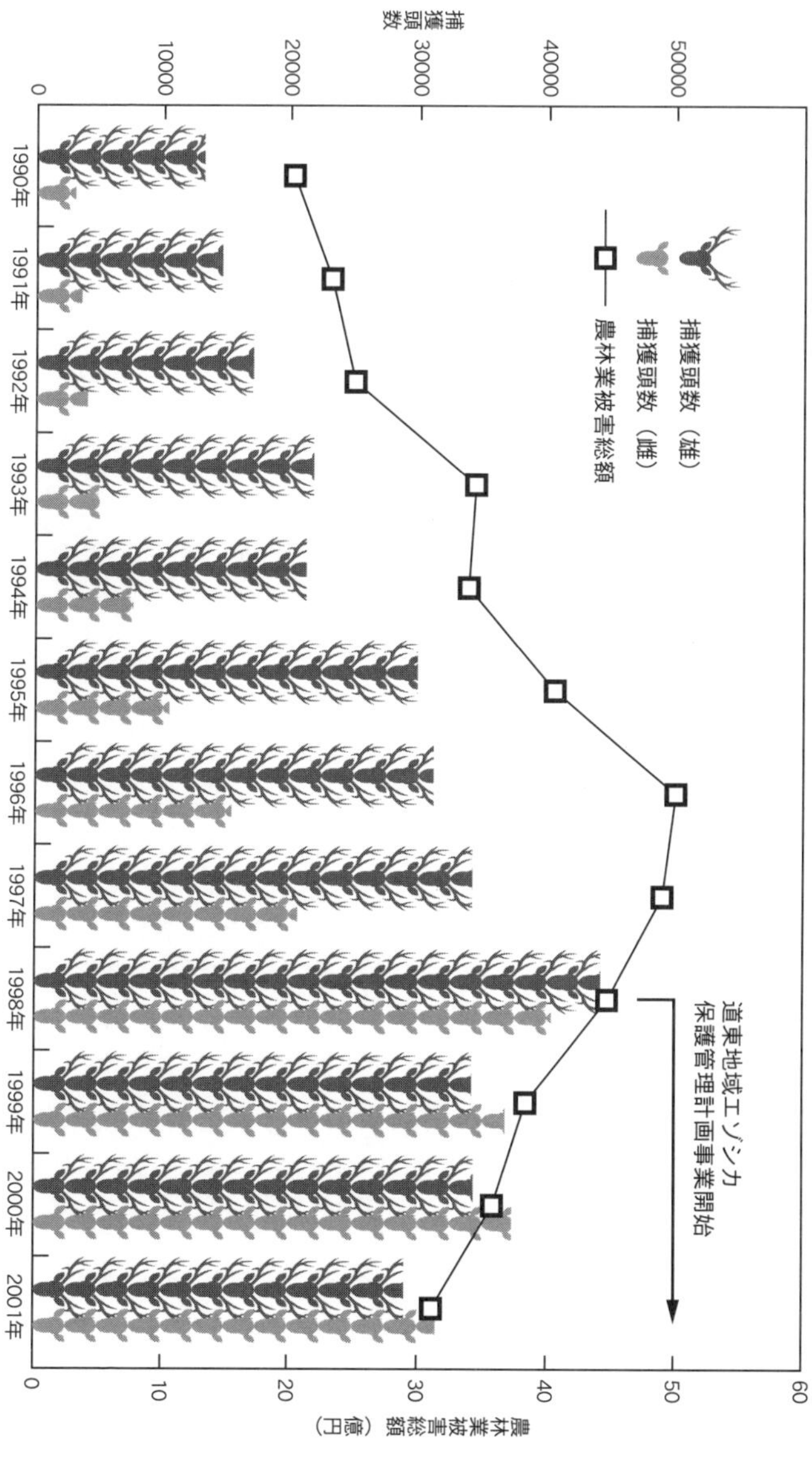

エゾシカ捕獲数と農林業被害額の年次推移（北海道庁発表資料をもとに作成）

解体後の残滓をその場に残せばヒグマを引きつけ、人身事故の原因にもなる。完璧な後始末はハンターに課せられた義務といえる。(2001年11月1日、北海道紋別郡西興部村で)

ていくような〝略奪者〟も目立ち始める。

エゾシカ猟が盛んな道東地域で、林道脇などにうち捨てられたシカの死体の、鉛弾の破片が残る傷口をついばんだオオワシ（ワシ科、環境省レッドリスト絶滅危惧Ⅱ類）やオジロワシ（ワシ科、同絶滅危惧ⅠB類）が、鉛中毒に陥って墜死しているのが次々に見つかり出したのは一九九六年のことだ。道東地域エゾシカ保護管理計画がスタートして緊急減少措置としてエゾシカの狩猟規制が緩和されると、収容される猛禽たちの死体はどんどん増えていった。

原因を突き止めた地元のナチュラリストたちは、ボランティア団体「ワシ類鉛中毒ネットワーク」（事務局・釧路市、黒沢信道代表）を結成して被害を防ぐために山中に放置されたシカ「残滓」の回収活動を始める。

いっぽう北海道庁は、ハンターたちに猟の後始末を徹底するよう呼びかけるとともに、鉛弾の規制に踏み切る。二〇〇〇―二〇〇一年猟期にまずライフル用の鉛弾をエゾシカ猟に用いることを禁じ、二〇〇一―二〇〇二年シーズンからは残るショットガン用の鉛弾も使用禁止にした。

だがこれまでのところ、成果は上がっていない。ワシ類鉛中毒ネットワークは二〇〇一年二月、シカの好猟場でワシ類も多く飛来する白糠《しらぬか》郡白糠町庶路川《しょろがわ》の流域を踏査し、わずか二日間で計一〇〇頭分、約二トンもの「残滓」を発見・回収した。この猟期後に鉛中毒死したと確認されたワシ類は計一七羽と、ライフル鉛弾規制前だった前季を上回った。エゾシカ狩猟者の七割はライフルを使用しており、単純に考えれば、この対策で被害が七割減るはずだったのに、だ。さらに翌シーズン（二〇〇一年冬から二〇〇二年春にかけて）にも一一羽のワシ類が鉛中毒で死亡したことが確認され、事態がほとんど改善していないことを改めて示した。

鈴木さんが初猟で獲物を仕留めたのは、「バーンズ弾」と呼ばれる純銅製のライフル弾だった。これなら仮に急所を外して逃がした相手がその後どこか山中で死んだとしても、スカベンジャー（死肉漁りの野生動物）たちが鉛毒の脅威にさらされる心配はせずにすむ。

ところがハンターたちの中には、鉛弾からこうした無害弾への切り替えを面倒がる輩も多い。自分の銃に合う弾が見つからない、命中率が低い、殺傷力に劣る、割高である、といった理屈が聞こえてくるが、鈴木さんは

「情報不足が誤解や混乱を招いている」

と嘆く。

明治期に乱獲と大雪によって絶滅寸前まで陥ったエゾシカを保護するため、北海道の行政府は一九二〇（大

正九）年から三〇年以上も完全禁猟の措置をとり、解禁後も猟区や捕獲数を厳しく制限し続けてきた。シカが急激に数を増やし、狩猟獣として再びポピュラーになるのは、せいぜいここ十数年のことだ。

つまり、エゾシカ猟は二〇世紀中にざっと七〇年ほども低迷していたわけで、この間に北海道の「シカ狩猟文化」はすっかり衰退してしまったのではないだろうか。解体技術の稚拙さ、獲物を放置する無責任さ、法律を軽視するモラルの低さ、新技法を教え学ぶ意欲の欠如……。どれもが文化の程度の低さを表している。

こうした状況にある狩猟界を、しかし頼りにせざるをえないところに、北海道エゾシカ保護管理計画の大きな課題がある。

シカ個体数をなぜ下げる？

シカは増えやすい動物である。一産一子ながら、一夫多妻制で繁殖力は高い。最新の研究報告によれば、食物に恵まれるなど環境条件が許せば、年間約一五％ずつ数を増やす。仮に二〇万頭の群れに捕獲圧（狩猟や駆除で殺すこと）をいっさい加えなければ、一年後には二三万頭、その翌年には二六万四五〇〇頭に増える計算だ。

そのうえ、シカは食べ物を取り置くことを知らない。食べ物が枯渇するまで、すなわち草を食い尽くし、木の皮を食い尽くすまで繁殖のペースも落とさない。そして食べ物の枯渇とほぼ同時に、大量死が起きる。大量死といっても全滅ではない。今度は痩せ衰えた生き残りたちが、同じように痩せ衰えた森で食べ続ける。大量死が起きる段階までできてしまうと、以降はシカも植生も、とても貧弱な状態のまま維持されることになる。

こうした生態系の移ろいを「自然に委ねるべき」と認める意見もあるだろう。実際、ほとんど人為的な改変を受けていない知床《しれとこ》国立公園の知床岬突端部では一九九九年、こんなシナリオでシカの大量死が起きたが、研究者も世論も介入しようとはしなかった。

しかし、人間の活動がより活発な地域ではそうした放任主義は無責任というしかない。エゾシカの数をここまで増やしたのは、わたしたち人間の活動にほかならないからだ。和人政府が植民地化を本格的に開始して以来これまでの約一三〇年間、人間はアイヌモシリ＝北海道で森を拓き農地を広げ続けてきた。森と草原の境目の環境を好む「林縁性動物」のシカにすれば、絶好の棲み場所を与えられてきたわけだ。

とすれば、エゾシカ個体数のコントロールは人間社会の責務といえる。シカを含む北海道の生物多様性を回復不能なまでに低質化させてしまう前に手を打つべく、この保護管理計画は作られた。

猛禽類の鉛中毒という大問題を抱えつつも、計画が初めに設定した当面の目標は着実に達せられつつあるとみていいだろう。指数関数的な上昇カーブを描き続けてきたエゾシカの個体数を、緊急減少措置によって頭打ちにできたのだ。

おかげで農林業被害総額は減少に転じている。北海道庁の集計によれば、一九九六年度の五〇億五〇〇〇万円（うち農業被害が四四億九七〇〇〇万円）という最悪記録は以降、更新せずにすみ、二〇〇〇年度には三五億八三〇〇〇万円（同三五億五九〇〇〇万円）に押さえ込むことに成功した。電気牧柵で農地を囲むなどのシカ侵入防止策が普及したこととの相乗効果が表れたかたちだ。（121ページのグラフ）

当局が「シカの個体数を頭打ちにできた」と断言できる陰には、地道なモニタリング（監視）の努力がある。

この業務を担当する北海道環境科学研究センター（札幌市）自然環境保全科長の梶光一《かじこういち》さんは、

「ワイルドライフ・マネジメントのためには、相手動物の個体数変動に関するできるだけ正確な情報が要求されます」

と説明する。

具体的には、夜間に林道・農道を走行しながら強力ライトの光の中に浮かび上がるシカを数える「スポットライト・センサス」や、上空から雪山の中の集団を追い出して数える「ヘリコプター・センサス」などを道内各地で毎年定期的に実施しているほか、捕獲個体のサンプルを集めて、シカの健康状態や繁殖率も追跡している。狩猟統計、目撃情報のアンケート結果も重要な資料だ。こうして集めたデータを指数化して経年変化を見ると、エゾシカの各地の群れが構成員を増やしつつあるか、それとも減らしつつあるのかを判定できるのである。

とはいっても、山中に隠れ棲む野生動物の数を正確に測定するのは、やはり難しい。

一九九四年三月現在の個体数レベルを便宜上「指数一〇〇」と定め、将来は指数二五前後で安定的にシカ個体数を維持する、というのが保護管理計画の目標だ。道庁は当初、とりあえず二〇〇〇年までに指数五〇を目指すとしていた。

だが、シミュレーションを重ねてシカの自然増加率（約一五％）を上回るように捕獲圧をかけたはずなのに、事後のモニタリングで得られる実際の指数は思ったようには減少してくれなかった。シカの推定生息数（母数）を過小評価していたのが原因だった。

二〇〇〇年六月、道庁はそれまで全道で一二万頭±四万六〇〇〇頭と見積もっていた推定生息数（指数一〇〇の時点）を、二〇万頭±四万頭と上方修正し、はじめ「おおむね三年程度」としていた緊急減少措置期間をさらに二年延長する修正計画案を公表し、一般市民から意見を募集した。

　これに対して二七人（うち二四人は北海道在住者）がコメントを寄せ、中には「情報が不正確だから廃案にすべき」といった厳しい批判もあった。

　だが道庁は修正方針を貫き通した。その代わり、なぜ個体数の見積もりを誤ったのか、なぜ緊急減少措置を延長しなければならないのか、説明文を計画書に盛り込んだ。

「ようやく増加傾向を食い止めたのに、ここで手を緩めたら元の木阿弥」（梶さん）

　ときっぱり反証できたのは、モニタリングによって一九九〇年から蓄積し続けているデータの裏付けがあったからこそだ。

　社会情勢が変わろうと当初計画のまま頑なに突き進みがちな公共事業とは正反対に、エゾシカ保護管理計画は、毎年のモニタリング結果を翌年のプランに次々に反映・修正していく「フィードバック管理」を最初から謳《うた》っている。つまづきは折り込み済みというわけだ。むろん、政策修正のつど説明責任を果たし切ることが大前提だが、そのやり方も含め、同計画はまずは無難なスタートを切ったと評価していいだろう。

「有効活用」に向けて

　となると顕在化するのは、こうした保護管理システムをどうやって恒常的に運営し続けていくか、という問題だ。

「甚大な農林業被害を抑制する」という社会的要請が強い今でこそ、年間約八〇〇〇万円（二〇〇〇年度実績）の税金がこの事業に注ぎ込まれているが、これから被害が落ち着いた時、もし財政的な支えを失えばシステムは停止する。そうなればシカはいずれまた個体数を爆発させ、あるいは際限ない捕獲によって極端に数を減らしてしまうだろう。

「乱獲と禁猟を交互に繰り返してきた明治期以降の歴史に終止符を打ちたい」（梶さん）

という理想は夢に終わる。

「そんな事態を避けるために、捕獲したシカを有効に活用して、その収益を保護管理の運営に回す仕組みを作っておく必要がある」

と力説するのは北海道大学大学院獣医学研究科の大泰司《おおたいし》紀之《のりゆき》教授だ。二〇〇〇年に設立した社団法人エゾシカ協会（事務局・石狩郡当別《とうべつ》町）の会長に就任し、地元、行政、研究者と連携しながら「エゾシカ有効活用」の政策案づくりを進めてきた。

そのひとつが獲物の処理過程への「衛生マニュアル」の導入だ。畜肉に準じる衛生検査態勢を整え、公機関による認証制度を取り入れることでエゾシカ肉市場流通の活発化を狙う。これで販路が確立できれば狩猟者の意識改革にもつながるはず、と大泰司さんはみる。

初猟の後、鈴木さんとわたしは村はずれの小さな肉処理施設に向かった。一坪ほどの大型冷蔵庫の扉を開けると、狩猟者が運び込んだ一頭のシカが天井からフックで吊されていた。ここで二日ほど熟成させた後、残る解体・精肉・不要物の廃棄などは隣接の処理場で専門家にお任せだ。

施設を運営する「西興部養鹿《ようろく》研究会」（中原慎一会長）は、毎シーズン四〇頭前後のエゾシカを狩猟者から買い取っている。ただし、獲物を撃ち倒した現場できちんと一時処理（開腹し、衛生的な方法で内臓を除去すること）できる相手からだけだ。

施設の衛生管理状況はエゾシカ協会のお墨付きだ。協会理事を務める鈴木さんは、

「規模はこんなふうに小さくていいんです。肉の安全性に配慮したこうした施設が道内あちこちに生まれてくればシカ肉の流通が加速して、収益の一部を活用することで保護管理システムの自立的運営にもつながるはず」

と話す。

ほかの自治体に先駆けた北海道のエゾシカ保護管理計画が狩猟者に多くを頼っていることはすでに述べた。エゾシカ猟に向かうハンターたちの一人ひとりが日本で先頭を行くシステムの担い手としての自覚と誇りを持ち始めれば、もしかして「空白の七〇年」を埋め戻し、さらに進歩的なシカ狩猟文化の基礎を作ることができるかもしれない。

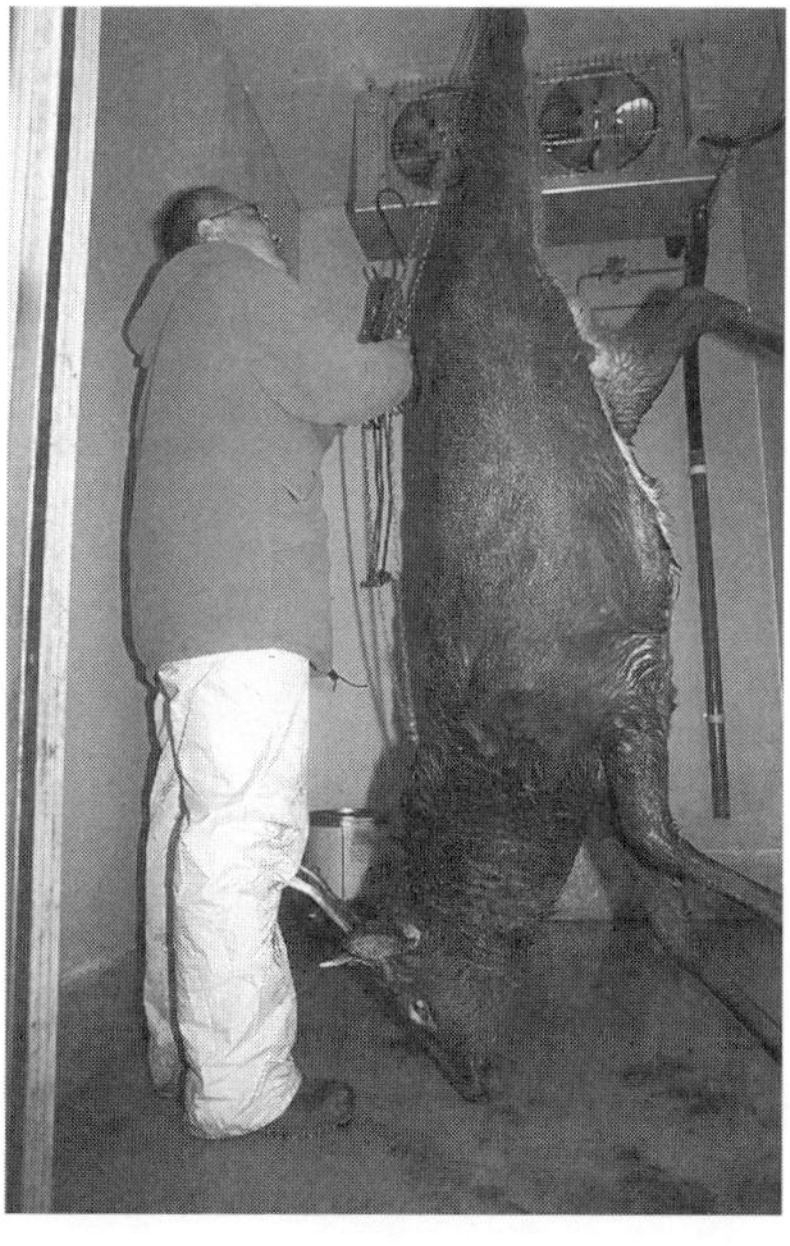

「西興部養鹿研究会」の冷蔵庫に吊されたシカ。シカ肉流通のために不可欠なこうした施設のある猟場は、道内にまだわずかだ。（2001年11月1日、北海道紋別郡西興部村で）

狩猟者・行政・研究者・流通関係者、そして一般道民……。エゾシカに対して人間社会がどれだけ真剣に知恵を絞れるか。北海道の野生動物保護管理の質を高める正念場だ。

主要参考文献

◆社団法人エゾシカ協会『ハンティング・マニュアル』(二〇〇〇年)
◆鈴木正嗣「エゾシカという動物」(斜里町立知床博物館編『しれとこライブラリー2 知床のほ乳類I』収録、北海道新聞社、二〇〇〇年)
◆岡田秀明「知床岬のエゾシカ」(斜里町立知床博物館編『しれとこライブラリー2 知床のほ乳類I』収録、北海道新聞社、二〇〇〇年)
◆北海道環境科学研究センターほか『エゾシカの保全と管理に関する研究』(二〇〇一年)
◆平田剛士『北海道ワイルドライフ・リポート』(平凡社、一九九五年)
◆平田剛士『エイリアン・スピーシーズ』(緑風出版、一九九九年)

Reportage 7.

クワガタムシ・カブトムシ
輸入超大国
ニッポン

～在来種に迫る「遺伝子汚染」危機

農水省が輸入を「解禁」

ここは密林地帯。――といっても絡まり合うのは木の枝やツタではなく、飛び交う電子信号が描き出す無数の軌跡だ。インターネットのジャングルである。

電脳空間の仮想環境とはいえ、ちゃんと昆虫たちも〝生息〟している。検索ロボットに命じて「カブトムシ」や「クワガタムシ」の文字列を探してみよう。まるで灯火トラップの白いスクリーンに群がる夜行性昆虫のように、モニター画面にたちまち数百のサイト名が並ぶはずだ。

その中に、ある販売業者が〝生体〟商品の価格表を公開しているのを見つけた。

「アンタエウス、二万九八〇〇円」「ホペイ、二万五〇〇〇円」「ヘラクレスヘラクレス、一五万円」「タランドゥスツヤクワ、三万九八〇〇円」……。

こんな調子で数百行のリストが続く。

「アンタエウス」とか「ホペイ」と言われても、門外漢にはピンとこない。が、これらはコレクターたちが厳格に区別するカブトムシ・クワガタムシたちの呼称である。

「アンタエウス」「ホペイ」はどちらもオオクワガタの仲間で、前者は学名 *Dorcus antaeus* の「アンタエウスオオクワガタ」、後者は *Dorcus hopei* の「オオクワガタ」のことをいう。日本産のオオクワガタ（*Dorcus curvidens*）とはまた異なる種だというからややこしい。「ヘラクレスヘラクレス」は「ヘラクレスオオカブトムシ」、「タランドゥスツヤクワ」は「タランドゥスオオツヤクワガタ」のことだ――などと書くとかえって混

アンタエウスオオクワガタは、どのデパートのペットショップでも売られるほどポピュラーだ。ラオス産の両親から人工繁殖で得た個体。

乱させてしまうかしら？　図鑑とニラメッコしながら学名を引き写しているわたしも脳の神経繊維がこんがらがりそうだ。

これらの虫たちは、おおむね赤道を挟む地域とはいえ、文字通り世界中から集められ、売られている。リストの「産地」欄によれば、「アンタエウス」はネパールやベトナム、「ホペイ」は中国、「ヘラクレスヘラクレス」は中米カリブ海はアンティル諸島に属するグアドループ島、「タランドゥスツヤ」は中央アフリカのコンゴ盆地からの輸入品だ。こうした産地情報もまた、コレクターたちが徹底的にこだわる要素のひとつである。

価格を決める要素としては、全長（大きいサイズほど珍重される）とともに、各個体の「出自」情報も重視される。輸入後に人工繁殖させた「養殖もの」より、原産地の森から採集してきた「ワイルド」の価値が一段と高いのだ。

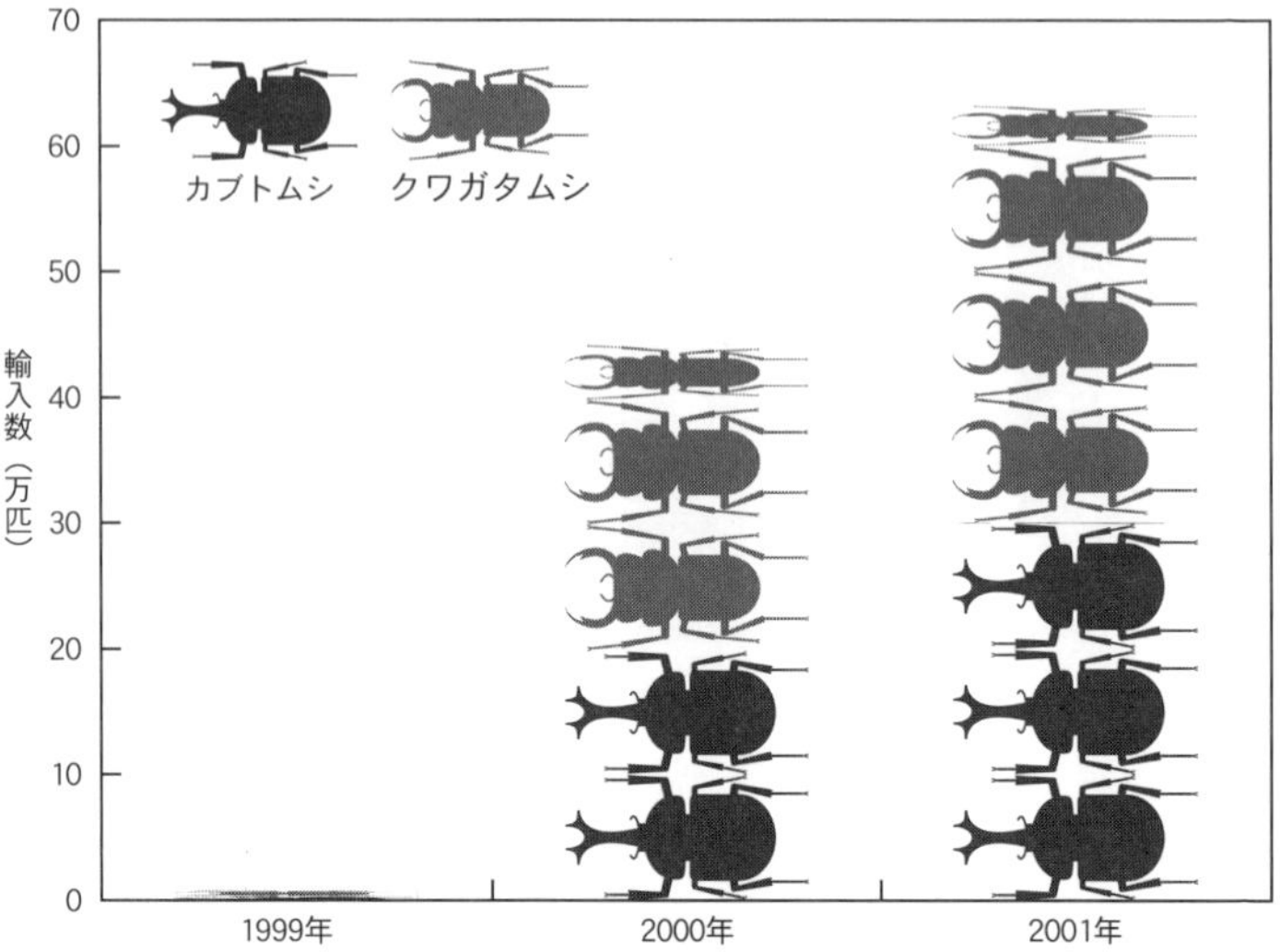

カブトムシ亜科・クワガタムシ科昆虫の輸入実績
（横浜・名古屋・神戸・門司各植物防疫所と那覇植物防疫事務所のまとめたデータを元に作図。ただし横浜防疫所の2001年データは1〜6月分のみ）

それにしても、いかに珍しいカブトムシ・クワガタムシたちとはいえ、たった一番《つがい》もしくは一匹にこの値段をつけて本当に流通しているの？ と疑問がわくが、どうやらインターネットで少数の愛好家たちが売り買いしているだけという程度の規模ではない。

全国に五カ所ある農水省植物防疫所・植物防疫事務所に問い合わせたところ、二〇〇一年、外国から日本の国際空港を経由して生きたまま持ち込まれた総数は、把握されているだけでもカブトムシ類（カブトムシ亜科昆虫）が約三〇万匹、クワガタムシ類（クワガタムシ科昆虫）が約三三万二〇〇〇匹にのぼる（グラフ参照）。

通過量が最も多いのは、二〇〇一年までの三年間にカブトムシ・クワガタムシ合わせて六八万四一六八匹の輸入を記録した関西空港（大阪府泉《せん》南《なん》郡）だ。

「必ずしも毎日ではありませんが、〝カブクワ〟を持ち込む人は季節を問わず多いですね。一匹ずつ小型容器に分けたものを段ボール箱に詰めて、一度に一〇〇匹くらい、携帯品として持ち込まれるお客さんもいます。たぶんそれでご商売されてる方だと思いますが……」

と、業界ふうの略語を交えながら、神戸植物防疫所関西空港支所の武田憲次郎統括植物検疫官は話した。

外国産カブトムシ・クワガタムシが生きたまま輸入されることは、一九九九年一一月まではほとんど皆無だった。植物防疫法がずっと禁じてきたからだ。それが同年以降、一気に「解禁」に向かう。その理由を、同支所の田辺精三次長は

「外国産カブトムシ・クワガタムシに関する文献資料が最近、そろってきたため」

と説明する。

植物防疫法は、農林業に被害を及ぼすおそれのある「検疫有害動物」の日本への侵入・蔓延を予防するための法律だ。第一条（目的）にはこう書いてある。

〈この法律は、輸出入植物及び国内植物を検疫し、並びに植物に有害な動植物を駆除し、及びそのまん延を防止し、もって農業生産の安全及び助長を図ることを目的とする。〉

その昆虫が農林作物に有害かどうかは学術文献によって植物防疫所が判定するが、情報が乏しい場合は判定不能として安全側の措置、つまり輸入を許可しないという選択をこれまで行なってきた。それが近年、世界のさまざまな種類のカブトムシ・クワガタムシについて「農林業には無害」とする文献が登場し出し、それらの種の輸入を禁止する根拠がなくなったというのである。そのいっぽう、

「生きた虫の輸入解禁を求める要望は二〇年近く昔からあったんです」

と田辺次長は話す。愛好家や業者たちからのプレッシャーは強く、植物防疫法の及ぶ範囲では輸入禁止を貫けなくなった。

植物防疫所は一九九九年に珍種ニジイロクワガタ（オーストラリア原産）の輸入を許可したのを皮切りに、「検疫有害動物でない」種数を次第に増やし始める。一九九九年から二〇〇二年にかけての推移は次の通りである。

一九九九年一一月　カブトムシ類／一三種　クワガタムシ類／三一種　計四四種
二〇〇一年　一月　カブトムシ類／一六種　クワガタムシ類／七四種　計九〇種
二〇〇一年一二月　カブトムシ類／一七種　クワガタムシ類／一〇一種　計一一八種
二〇〇二年　六月　カブトムシ類／三五種　クワガタムシ類／二四八種　計二八三種
二〇〇二年　九月　カブトムシ類／四一種　クワガタムシ類／三五九種　計四〇〇種

空港出口で検疫官のチェックを受けてパスさえすれば、これら生きた外国産昆虫の持ち込みは全く自由である。

在来種の遺伝子が「汚染」される

東京都港区に本部を置く環境NGO「トラフィック　イーストアジア　ジャパン」は、二〇〇二年七月二五日付けで「外国産カブトムシ・クワガタムシの市場調査」の結果を公表した。それによると、関東と関西の計

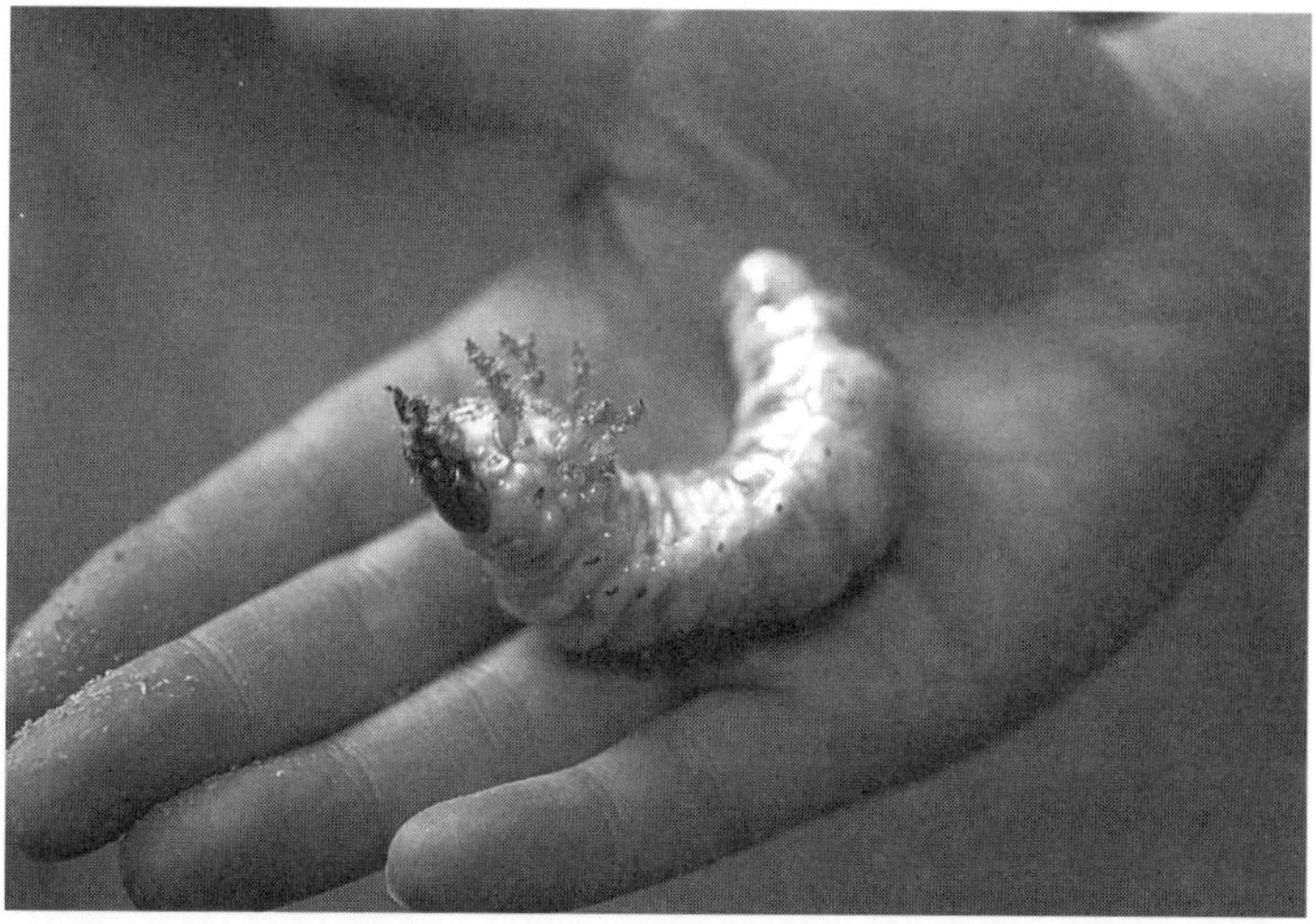

参考書に従えば人工繁殖は難しくない。間もなくサナギになるタイ産アンタエウスオオクワガタの終齢幼虫。

四〇の甲虫販売店で少なくとも六二種のカブトムシ類・クワガタムシ類が販売されていたこと、それら甲虫類が計二五カ国（地域を含む）から輸入されていたことが分かったという。販売されていた中には、明らかに農業に有害なコガネムシやハナムグリの仲間も見つかった。また調査時点（二〇〇二年六月）で植物防疫所の「解禁リスト」に載っていないクワガタムシ類七種、カブトムシ類三種が店頭に出ているのを発見したが、うちクワガタムシ五種はその後「解禁リスト」に追加され、以降の新たな輸入は合法となった。輸入者が積み上げた既成事実を役所が追認している構図が浮かび上がる。

加えてこれら輸入甲虫たちは「ブリーダー（繁殖家）」と呼ばれる人びとによって盛んに養殖されている。

この種の虫にはどんな飼育容器を使い、どんな温度・湿度で、どんな餌を与え、どんなふうに世話すれば大きくて立派な角や大顎《あご》の（つまり、高い値のつく）個体を大量に得られるか……。輸入解禁とともに出版点数が急増した専門雑誌は、そんなことを指南する記事で埋め尽くされている。

植物防疫所によってかろうじて輸入数は把握されているものの、その後、国内で養殖された分まで含めたらいったいどれほどの数になるのか、想像もつかない。

これらおびただしい外国産種が、その一部でも飼育下から逃れたら何が起こるか？

「一番心配なのは、遺伝子汚染です」

明快にこう答えるのは、九州大学大学院比較社会文化研究院の荒谷邦雄《あらやくにお》助教授だ。

「熱帯産の虫が日本で越冬するのは無理だろう、と楽観するのは大間違い。赤道付近が原産国でも、高地に生息しているカブトムシやクワガタムシなら本州でも越冬可能だし、たとえ冬は耐えられなくても、たった一夏、里山に紛れ込んだだけで在来種と交雑してしまう恐れがある」

クワガタムシの進化について研究している荒谷さんは、

「たとえ分類上は同じ種名でも、どうやら彼らは生息する山塊ごとに特有の遺伝的固有性を持っているようなんです」

と、最新の成果を解説する。

飛翔力があるとはいえ、クワガタムシ類の移動距離は知れている。たとえ同じ種のクワガタムシであっても、遺伝子レベルで詳しく調べると、日本列島の島ごとではもちろんのこと、おおむね棲んでいる山塊ごとに集団を区別できるというのだ。

「遺伝的に閉じた集団」を保全することの重要性を語る荒谷邦雄さん。荒谷さんの飼育室は昆虫の漏洩を防ぐための二重扉を備えているが、「解禁」後は義務づけられなくなった。（2002年1月29日、福岡市の九州大学大学院で）

区別できるそれぞれを、荒谷さんは「遺伝的に閉じた集団」と呼ぶ。目には見えないが確かに存在するその境界線を越えて人為的に虫たちを行き来させてしまえば、交雑（異なる「閉じた集団」に属する個体同士で生殖すること）が起き、遺伝的固有性は急激に失われてしまう。これが「遺伝子汚染」だ。

「何千年、何万年をかけた進化の末に培われた〝閉じた集団〟を、人間がわずか数年で壊してしまうことは許されない」

と、荒谷さんは静かに強調した。

移入されるのが外国産種であっても事情は同じだ。たとえば中国産のオオクワガタ「ホペイ」（*Dorcus hopei*）と日本在来のオオクワガタ（*Dorcus curvidens*）とは、別種とせずに亜種同士とみなす研究者もいるほどで、移入によって交雑は容易に起こる。そうして現実に、生きた外国産カブトムシ・クワガタムシの輸入「解禁」以降、事態はすでに最悪のシナリオをたどりかけている。

案内された八畳間ほどの窓のない飼育実験室で、荒谷さんは棚から白いプラスチックのフィルムケースを取って見せてくれた。蓋に直径五ミリほどの穴が開いている。

「クワガタの幼虫をこの中で育てるんですけど、見張ってないとこうやって簡単に穴を開けてしまうんですよ」

インターネットなどを介した通信販売では、業者から宅配便で届いた小包に穴が開いていて、虫が逃げ出していた、というトラブルが多発しているという。

植物防疫所は一九九九年の輸入「解禁」以前にも、研究者が試験・研究を行なう目的でなら外国から生きた昆虫を日本に持ち込むことを許可していた。ただしチェックは厳しく、漏洩を防ぐために二重扉つきの飼育室が義務づけられ、最後にすべての虫を焼却処分し、使用した器具を消毒したという証明まで求められた。

ところが現在では、植物防疫所の解禁リストに挙げられた種に関してはこうしたチェックのすべてが外れてしまっている。

北海道在住のある飼育家は、

「一番《つがい》からでも簡単に殖えちゃいます。クワガタの場合は一匹ずつ分けて育てる必要があるので、ご覧の通り」

と、飼育瓶の並んだ棚を見上げる。殖えればそれなりに飼育費用もかかるし、生きたまま野外に捨ててしまう人がいても不思議はない、と話した。

荒谷さんの調査では、メディアや研究者が記録しただけでも、外国産カブトムシ・クワガタムシが日本の野外で見つかった例が二〇〇二年一〇月までに四一にもなった(うち三九例は一九九九年以降の記録)。このうち二〇〇一年夏に山梨県内で見つかったオオクワガタは、在来種と「ホペイ」との交雑によって生まれたハイブリッド（種間雑種）ではないかと疑われている。

希少種絶滅に向けてとどめの一押し

さて、ここまでは「移入された先」の在来生態系への悪影響をみてきたが、これほど大量のカブトムシ・クワガタムシたちが日本に集められているとなると「移入元」の被害も心配せずにいられない。乱獲である。

この森に何匹のカブトムシやクワガタムシがいて、去年に比べて増えたか減ったか、そんなことを調べるモニタリング（監視）技術は、残念ながらほとんど研究されていない。日本に輸出するためにカブトムシやクワガタムシが各産地で大量に捕獲されていることは間違いないが、それがそれぞれの個体群にどれだけインパクトを与えているかを表す数字はないのだ。

「でも、これを見てください」

と、荒谷さんは一枚のグラフをテーブルに広げた（次ページの図を参照）。

伊豆諸島の八丈島（東京都八丈町）にだけ生息するハチジョウノコギリクワガタは、地べたを歩いて移動するという一風変わった習性があり、生息地を貫く林道上でよく見つかる。そこで荒谷さんは、同じ林道の同じ区間（約三キロメートル）を毎年同じ時期にバイクで走り、発見したクワガタを数えて比べてみた。いわばセンサス（抽出地点での個体数調査）で、生息地全体の生息密度の増減を推定する手がかりになるという。データをグラフに落とすと一目瞭然、路上発見数は一九八九年からがくんと落ち込み、一〇年目には生きた虫の発

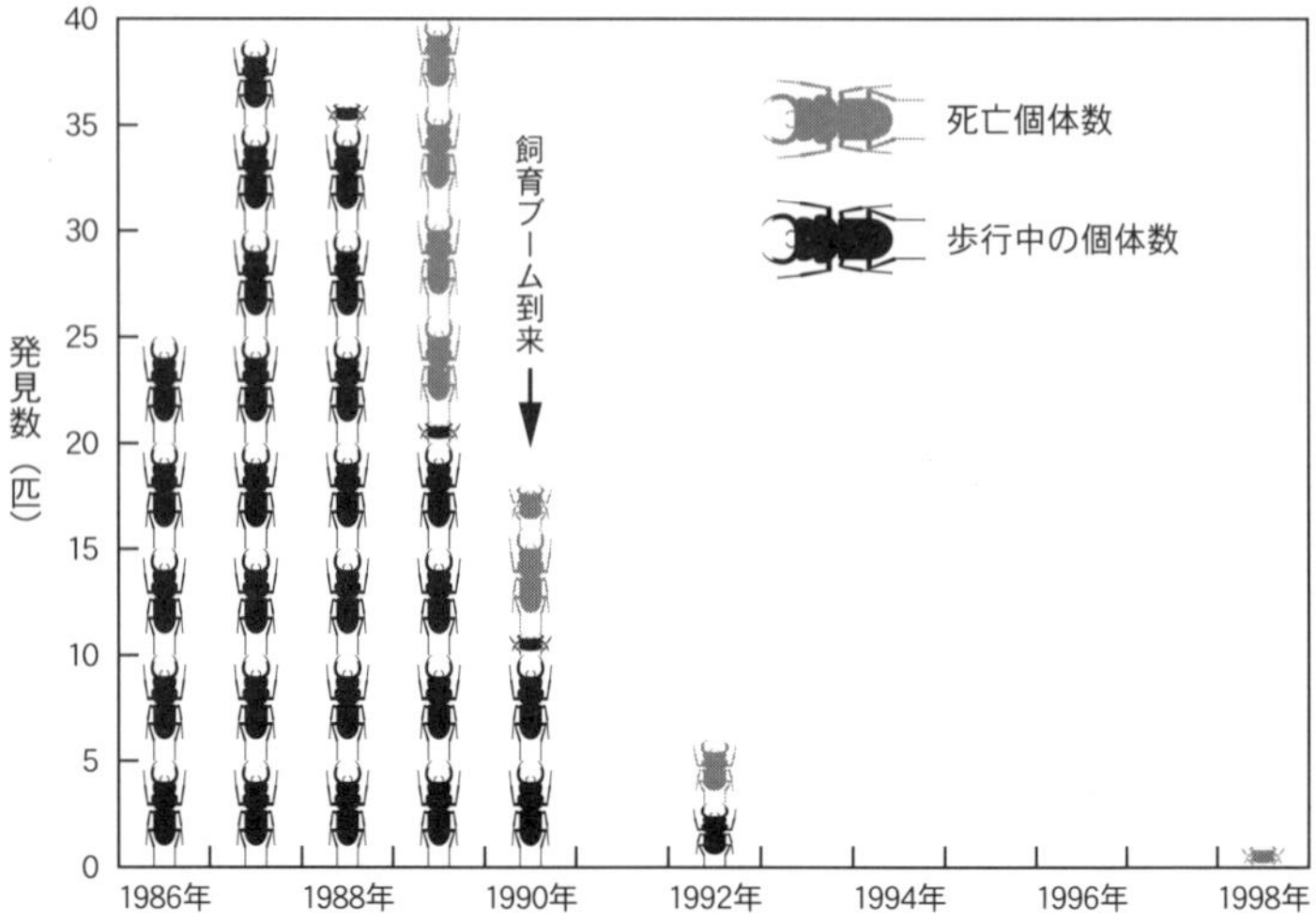

ハチジョウノコギリクワガタのセンサス結果（荒谷邦雄さんの調査資料をもとに作図）

見数はついにゼロになった。

荒谷さんによれば、原因は間違いなく乱獲だという。

現在まで続くカブトムシ・クワガタムシ飼育ブームは一九八〇年代後半、まず国内珍種の収集熱が高じるかたちで始まった。本土産種と微妙に形態が異なる島嶼《とうしょ》産の虫に注目が集まり、マニアや乱立した業者がわずかな情報を手がかりに採集に奔走するようになる。センサスに表れたハチジョウノコギリクワガタの急減は、この固有種に関する生態報告文が専門誌に掲載された直後に起こっていた。

輪をかけて深刻なのは、養殖ばやりのせいで、角の立派な雄ばかりか、雌までも大量に採集されるようになってしまったことだ。一匹の強い雄が優先的に交尾を遂げるカブトムシ・クワガタムシ類の群れにとって、雌の大量喪失は致命的なのだ。特に、ただでさえ小規模な島嶼部の生息地が被る打撃は大きい。一九九八年、ハチジョウノコギリクワガタは「東京都の保護上重要な野生生物種」の中で「Bランク」（絶滅の危機が増大している種）に指定された。

国外の産地でも同様のことが起きている可能性はきわめて高い。ハチジョウノコギリクワガタがそうであったように、珍しい虫であればあるほど値段は釣り上がり、採集圧力はますます上がる。絶滅が危惧されるカブトムシ・クワガタムシは世界に数多いが、中には植物防疫所の「解禁」リストにその名が並んでいるものもある。「解禁」後、輸出国の許可さえあれば、日本への輸入制限は何もない。おまけに輸入者は法を順守する人ばかりとは限らない。先にみた「トラフィック　イーストアジア　ジャパン」の報告書によれば、インド、ネパール、ブータン、フィリピンはすべての種のカブトムシ・クワガタムシ類の野生個体の輸出を禁じているが、これらの国原産の「ワイルド」個体が日本国内の店頭で少なくとも二三個体、販売されているのが発見されたという。

「絶滅危惧種を真に絶滅させる最後の一押しを、もしかすると日本が演じてしまうかもしれない」

と、荒谷さんは話した。

植物防疫所の「解禁リスト」に掲載された外国産カブトムシ・クワガタムシを輸入・養殖・売買・飼育することは合法だ。また、それを脱走させたり、意図的に放したり（「飼い切れなくなったから逃がしてやろう」）しても、法律上は問題ない。いま現実に起きている事態を考えれば、植物防疫所は断固「解禁」すべきではなかったといえる。だが農林産物への脅威排除だけを目的とする植物防疫法に限界があったことも、また確かだ。

原産地での乱獲、移入先での在来生態系の破壊といった問題を解決するには、単に農林業分野にとどまらず、もっとグローバルに生物多様性保全の視座をとる必要がある。カブトムシやクワガタムシたちがなぜ、生息す

里山で見つけた虫を「本当にこの森在来のミヤマクワガタ？」と疑わなければならない日が、いつか来るのだろうか。（1990年、北海道江別市内で）

る地域ごとに（もっと範囲を狭めて「山塊ごとに」と言ってしまっても構わないだろう）こんなにバラエティ豊かなのか。わたしたち人間には想像もつかないような複雑な生物進化が、これまた想像を絶する長い時間をかけて生み出した賜《たまもの》というほかない。そうした進化の歴史の最新のありようが、いまわたしたちの目の前に広がって見える生物多様性の姿なのだ。この生物多様性を保全していくためには、「山塊ごとに」特異的なそれぞれの生態系を、その同じ場所で将来にわたって大切にし続けていく必要がある。趣味や商売を優先しがちな当事者たちが、こうした価値観に気づかないまま、この先もずっと近視眼的にしかふるまえないのだとしたら、多様性保全を主眼にした新しい法的規制は急務だろう。

それにしても、カブトムシやクワガタムシたちの産地や系統の違いに徹底的にこだわるコレクターたちは、むしろ生物多様性をなぜ保全しなければならないか、その本質をよく理解している側の人びとではなかっただろうか。

にもかかわらず、こんな事態を招いてしまっているという皮肉——。

カブトムシやクワガタムシが、とくに少年少女たちに人気のある生き物であることは言うまでもない。そんな若い世代を含む日本の昆虫ファンにとって、この皮肉こそ最大の不幸だろう。

主要参考文献

◆荒谷邦雄「外国産のクワガタ、カブト輸入規制緩和のもたらす危険性」(『鰓角通信』第一号収録、二〇〇〇年)
◆荒谷邦雄「クワガタムシブームとクワガタムシ研究」(『昆虫と自然』三六(六)収録、二〇〇一年)
◆荒谷邦雄「絶滅危惧のクワガタムシ」(『昆虫と自然』三六(七)収録、二〇〇一年)
◆森本信生「水際で病害虫の侵入を防ぐ　植物検疫の現状」(川道美枝子ほか編『移入・外来・侵入種　生物多様性を脅かすもの』収録、築地書館、二〇〇一年)
◆荒谷邦雄「外来クワガタムシ・カブトムシの脅威~輸入規制緩和の弊害」(『日本鞘翅学会第一四回大会講演要旨集』収録、二〇〇一年)
◆トラフィック　イーストアジア　ジャパン『外国産カブトムシ・クワガタムシの市場調査』(二〇〇二年)
◆荒谷邦雄「外来カブトムシ・クワガタムシ~人気ペット昆虫の新たなる脅威」(日本生態学会編『外来種ハンドブック』収録、地人書館、二〇〇二年)

Reportage 8.

猛獣マネジメントいたします

～自己防衛と春期捕獲に託すクマとの共存

ヒグマ五五二頭、ヒト五三万人

日本列島最大にして最強の陸上動物。至近距離で向かい合ったら死を覚悟させられる猛獣。アイヌモシリ＝北海道に生息するエゾヒグマ（クマ科、ヒグマ亜種）にこんな枕詞《まくらことば》をつけたとしても、道民は大げさとは思わないだろう。狩猟に長けた先住民族アイヌさえ――この森林性哺乳類を熟知したアイヌだからこそと言うべきか――格別の思いを込めて「キムンカムイ（山のカムイ）」と呼んできた（注）。

道民の抱くヒグマへの畏怖心が二一世紀のいまも薄らいでいないことは、道内の新聞・テレビが日常的に「出没」情報を流し続けていることからもうかがえる。

そんな北海道で特にたくさんのヒグマたちが生息しているのが、島の南西部に位置する渡島《おしま》半島だ。この地域のヒグマ生息密度は北米など海外の生息地と比較して非常に高いレベルにある、と北海道環境科学研究センター野生生物科長の間野勉《まのつとむ》さんは話す。

「毎年どこで何頭のクマが捕獲（捕殺）されたかという数字は一九四〇年代から蓄積されています。ここ一〇年間だと、渡島半島全体で毎年平均五六頭ぐらい。このデータに死亡要因を解析した結果を加味すると、生息数の推定が可能なんです。わたしたちは一九九二年現在の生息数を五五二頭と弾きましたが、半島の森林面積は五六〇〇平方キロメートルですから、ほぼ一キロメートル四方に一頭ずつクマがいる計算です」

その地元、檜山《ひやま》郡江差町《えさしちょう》にオフィスを構える同研究センター道南地区野生生物室室長の富沢昌明さんは、

「そのうえ繁殖効率も最高にいいみたいなんですよ」

とつけ加え、こう続けた。

「小グマは最初の二年間を母グマといっしょに過ごすんですが、いまわれわれが追跡している雌グマの一頭はきっちり二年ごとに出産してますからね」

ヒグマたちが世界で最も高密度に、そして豊かに健康的に暮らしている生息地――それが渡島半島なのだ。

だが、ここは約五三万人が暮らす人間の生活圏でもある。

たとえば、津軽《つがる》海峡に面する上磯《かみいそ》郡木《き》古《こ》内町《ないちょう》（人口約七二〇〇）では、クマが山ぎわの農地に侵入して作物を荒らしていくことは日常茶飯事だ。そして、人とクマとの不意の遭遇は時には大事故を招く。最近では、一九九九年五月にそれが起きた。

惨劇の舞台となった小さな谷まで、市街地からクルマでわずか一五分しかかからない。にもかかわらず、すでに周囲には深い山林が迫る。川は渓流の様相だ。山の斜面がそのまま海に没していく地勢は渡島半島の特徴

※注　中川裕『アイヌ語をフィールドワークする』（大修館書店、一九九五年）によると、カムイという言葉はアイヌ（＝人間）という言葉と一対になっていて、〈動物、植物、火や雷といった自然現象から、臼や舟などの人の手によって作り出されたものにいたるまで、それらに人間とまったく同じような精神の働きを認め、擬人化してとらえた存在である。われわれはそれを普通「神」と訳すが、立木一本、そこらへんを歩いている犬一匹にいたるまでカムイなのであり、むしろ「自然」という訳語をあてたほうが近い場合がある〉という。キムンカムイの「カムイ」もそのように解釈していいだろう。

ヒグマは豊かな森の象徴であると同時に、人里に現れれば大きな恐怖の対象となる。

である。ここも例外ではない。

昨日の朝と同じ場所に乗用車が無人のまま停まりっぱなしになっている——。北海道警察木古内署にこんな通報が入ったのは、五月一一日午前六時五〇分のことだった。ナンバーを照会した結果、クルマは二日前から捜索願いの出ていた男性のものだと判明する。男性は同八日、川釣りに行くと家族に告げて出掛けたまま帰宅していなかった。午前七時四〇分、署員が現場に赴《おもむ》いて目にしたのは、しかし予想を裏切る光景だった。

同じ林道に停まった別のワゴン車の中で、顔面を血まみれにした女性二人が怯えきっていた。二人は頭と首に深い傷を負い、パニックに襲われていた。ほんの一〇分前、山菜を採りに森に踏み入った途端、いきなりヒグマに襲撃されたと署員にようやく状況を告げた。死にものぐるいでクルマに逃げ戻り、クラクションを鳴らし続けたらヒグマは姿を消した、とも。

署員は木古内町役場に通報し、駆除隊の出動を要請した。重傷の二人は救急車を待たず、そのまま自分たちのクルマで町立病院に向かった。

入れ替わりに北海道猟友会木古内支部木古内部会に所属する六人が駆けつけてきた。

この林道は山の斜面を横切るように造られ、その谷底に林道と平行に渓流が流れている。林道と川のあいだは急斜面のスギ林だが、下生えの低い季節で見通しは悪くなかった。流れの幅は約一〇メートル。川を挟んだ対岸はササの茂る雑木林だ。ライフルやショットガンで武装した男たちは林道から谷に向けて注意深く歩を進めた。と、沢の手前に黒っぽい大型動物を発見。ヒグマだと確認すると同時に発砲したが、動物は沢に走り込み流れを横切って対岸のササやぶに姿を隠した。

クマを追って川岸付近を探すうち、行方不明だった男性が見つかる。流れの中に横たわったからだは一目で遺体と分かる状態だった。その上半身には上から草束が押しつけられたようになっていた。草をどけた男たちの顔が思わず歪む。無残としか言いようのないありさまだった。

遺体を取り巻きつつハンターたちが担架を待っていると、午前九時三〇分、対岸に再びヒグマが姿を現した。ヒグマは水を蹴って一直線に突進してきた。発砲したが外れた。ヒグマはこちら岸に達しざま、そのまま弧を描くように方向転換して上流方面に逃れようとした。ハンターたちも銃を肩に林間を駆け、三たび発砲。今度は命中した。

「あんな大捕り物は初めてだった」

と、駆除隊に加わったベテランハンターの大野公之さん（木古内町在住）は振り返る。

「人間にあれほど直線的に向かってくるクマも初めて見た」

ハンターたちは、約一〇メートル先の相手が完全に絶命するまで全員が引き金を絞り続けたという。道南地区野生生物室による検分で、ヒグマは推定体重六〇〜七〇キログラム、満二歳三カ月の雄の亜成獣と判定された。シェパードを一回り大きくしたくらいの少年グマだ。しかし胃内容物は、彼が男性を襲った「犯人」だと確かに立証した。

ヒグマ対策マニュアル

ヒグマはおっかない（怖い）。こんな事件が起きるたび、道民のだれもがその思いを再確認する。「のぼりべつクマ牧場ヒグマ博物館」（登別市）学芸員の前田菜穂子さんのまとめによると、二〇〇〇年までの一〇年間に道内でヒグマとの遭遇で死傷した人数は、この木古内町での被害者たちを含め二〇人に上る。うち三人が死亡している。とはいえ、道民のだれもが等しくヒグマの脅威にさらされている、というわけではもちろんない。

事故の内訳を見ると、七割は狩猟者が被害に遭うケースである。秋から冬にかけての狩猟シーズン、エゾシカを撃ちに猟場に入って思いがけずヒグマと遭遇し、発砲するのだが仕留め損なって逆襲を受けるというパターンが大半を占めている。ついで林業関係者の事故が多い。山菜採りやキノコ狩り、渓流釣りといったレジャーで森に入る人たちの被害がそれに続く。木古内事件の被害者たちは最後の範疇に入る。

ヒグマは時に山から下りて農地などにも姿を見せるが、少なくとも一九九〇年以降、作物が荒らされることはあっても人里で人が襲われたことはない。つまり人身事故は必ず、人が森に入った時に起きている。

森林はヒグマの生息圏だ。危険と知りつつ、それでも仕事やレクリエーションのためにそこへ向かう人がいて、そのうち平均して年間二人ずつが傷つけられている。とすると、事故を減らすためには、森に向かう一人ひとりが自分の「個人防衛力」を高めることがまずは重要である。

札幌の山岳ツアー会社「アース・ウインド」（横須賀邦子代表）は、一九九九年の春から一風変わった企画を主催し始めた。「ヒグマ対策マニュアル体験ツアー」という。森でヒグマに遭わない方法、もし遭った場合の対処法を、実地に訓練できる機会をお客さんたちに提供しようというのだ。講師役を務めるのは前田さんである。

「こうすれば絶対安心だなんて無責任には言えませんけれど、これまで三〇年、フィールド調査を無事故で続けてきて、ようやく他人にも教えられる自信がついてきました」

と前田さんは語る。

二〇〇〇年四月、男女約一〇人の参加者とともに前田さんと登別市郊外の残雪の森に向かった。林道の入り口で、前田さんは何度も柏手を打った。乾いた音が林間に響き渡る。

「山はクマの家なんだと思って下さい。人の家の玄関でまずブザーを押すように、手を叩いてから慎み深い気持ちで山に入るんです」

同時にこれは人間の接近をあらかじめクマに知らせるための大事な行為だ。先に見た木古内町のケースで、死亡した男性は川で釣りをし始めた直後に襲撃を受けたと見られている。図らずも静かに近づいてしまったため、クマと人がお互いの存在に気づかないまま鉢合《はち》わせしてしまったのだろう。遠くにヒトの気配を感じれば、ふつうクマは姿を見せないままその場を立ち去るという。

ザックにくくりつけたクマ鈴にも同じ効果がある。前田さんは首から吊ったホイッスルも吹き鳴らした。

「木古内の事故で二人の女性が命拾いしたのは、ひとりが襲われた時、もうひとりがホイッスルを吹いてクマをひるませたおかげでもあるんです」

観察眼もモノをいう。山に入る前、もし林道の駐車帯に空き缶や弁当がらなどが落ちていたら、表面にクマの噛《か》み跡が残っていないかよく見るとよい。ドングリのなるミズナラやヤマブドウなど、ヒグマの好物の多い森では、とくにクマに遭遇する可能性が高いという。前もって爪痕や足跡の形、糞《ふん》の性状などを覚えておき、見分けられるようにしておくことも大切だ。

「新しい痕跡を発見したら、もちろんすぐに引き返すか、大きく迂回して下さい。間違っても後を追ったりしないように」

と前田さんは指導した。いったん森に入ったら、ヒグマに遭わない努力を常に怠らないこと。これが第一ステップだ。

しかし、それでもヒグマに遭ってしまったら？

「じゃあ実際に体験してみましょう」

森の中で参加者全員を一列に並べた前田さんは、一方を指さした。そのずっと先に、巨大なヒグマの頭部が……。いや、体は人間だ。スタッフが縫いぐるみを着込んで扮したニセグマだ。

「さあ、あそこまでちょうど五〇メートルです。この距離感をしっかり覚えて下さい」

前田さんによると、ヒグマに遭遇した場合の最善の対処法は相手との距離によって異なる。まずは距離感の

◀「クマ撃退スプレー」の使い方を学ぶツアー参加者。講師役の前田さんは「クマから身を守れるかどうか、9割は入山前の準備で決まる」と強調する。（2000年4月16日、北海道登別市内で）

▶ヒグマの攻撃を受けた場合の防御姿勢を実演してみせる前田菜穂子さん。致命傷を負わないために腹部や首のまわりをガードするとよい。（2000年4月16日、北海道登別市内で）

把握が重要ということだが、そのためには何より冷静さを失わないことが大切だ。

とはいえ実際に山でクマと対面して、冷静でいられるだろうか。

「そのために装備をしっかりしておくんです。実際に使用するため、ということ以上に、森に入る前に用意することで心の準備ができる点に意味がある」

装備とは、前述のクマ鈴やホイッスル、それに「クマ撃退スプレー」とナタである。スプレーとナタはすぐ手に取れるよう、二丁拳銃よろしくホルスターで両腰に吊しておく。スプレーやナタは至近距離でヒグマに立ち向かうときの頼れる武器だ。スプレーの射程は四～五メートル。この日、参加者たちは消火訓練よろしくスプレーを土に向けて噴射してみた。風上に立ち、腕を一杯に伸ばすのだが、カプサイシン（トウガラシ成分）を調合した目つぶしガスは思ったほど遠くには飛んでいってくれない。この距離感をつかむにもやっぱり事前に練習しておくほかない。ナタは、クマの急所である鼻づらを狙って力いっぱい叩き込む。これもまた、刃物を日ごろから手に馴染ませておく必要があるだろう。

前田さんは防御姿勢（いわゆる「死んだふり」）も参加者に習得させた。まず正座のまま頭を前に下げてうずくまり腹部を守る。両手は首の後ろで組んで脊椎骨と頸動脈をがっちりカバーする。クマにつつかれようがこの姿勢のままじっと我慢するのだ。うまくいけば命だけは助かるかもしれない、という最後の手段だ（172ページのコラム参照）。

謙虚な気持ちで森に臨み、自分の接近を常に相手に知らせ、準備を怠らず、冷静さを保ち、日ごろからシミュレーションを繰り返しておく。ヒグマに遭う危険を承知で森に入るからには、こうしたことを一人ひとりがそれぞれ準備しておく必要がある。

「そしてもうひとつ、忘れてはならない大事なことがあります」

前田さんはつけ加えた。

それは「ウェンカムイ」をつくり出さないことだという。

先述したようにアイヌ民族はヒグマを「キムンカムイ」（山のカムイ）と呼ぶが、ときに「ウェンカムイ」（悪いカムイ＝魔物）と呼び捨てることがある。人喰いグマのことだ。

一度でも人を傷つけたクマは「ウェンカムイ」となり、次々に人を襲い続ける。それは、人を食べてはならないというタブーを破ったクマに神様が怒って、もうほかのものは何も食べられないように罰を下すからだ――アイヌは古来そう考えてきたという。

木古内町のケースがまさにそうだった。魚釣りにきた男性を殺害したクマは三日後、女性二人に襲いかかり、さらにハンターたちにも突進してきた。現場検証をした北海道環境科学研究センター道南地区野生生物室によれば、このクマは第一犠牲者の遺体を確保した後、射殺されるまでずっと同じ場所にとどまっていたことが分かっている。

この事実を動物生態学の視点で解釈するとこうなる。ヒグマは一般に所有物に対する執着心が非常に強い。だから後から近づいてきた女性たちやハンターたちに、クマは確保した「食べ物」を横取りされると考えた。だからあんなに攻撃的になったのだ。第一犠牲者の遺体を覆っていた草束は、「食べ物」を隠すためにクマがした細工だった。

この執着心の強さこそ、キムンカムイをウェンカムイに変身させる要素だ、と前田さんはみる。

人身事故の大半は、ヒグマがある食べ物に執着して見張っている場所に人が不用意に近づいた時に起きているという。林道や登山道など人が頻繁に通行する場所でヒグマが執着してしまう食べ物とは……？　それは人が捨てていくゴミにほかならない。残飯はもちろん、空き缶に残った数滴のジュースにもヒグマは執着する。土に埋めても掘り返す。ジュースをこぼした地面にすらヒグマは定着するという。

「捨てた本人は無事に下山できるかもしれない。でも次に通りかかる人が襲われる。それは間接的な殺人と同じです」

前田さんは強い調子で戒めた。

害獣か保護獣か

少なくとも一九九〇年以降、人里で人がヒグマに襲われたことはないと書いた。でも森に接して暮らす農民にすれば、とても安心材料には足りないだろう。農作物の被害額こそ全道で年間五億円ほど（同じ北海道で、エゾシカによる食害額は一時、年間約五〇億円に達した）だが、人びとは畑に残った足跡ひとつで恐怖の底に突き落とされる。精神的被害は金額では計れない。

コメ、野菜、果樹などの生産農家が山間に点在する渡島半島ではとりわけ深刻だ。半島の西部、日本海に面した檜山《ひやま》郡厚沢部町《あっさぶちょう》の美和《みわ》地区にヒグマが出没し始めたのは一九九五年ごろからだ。農業を営む若佐清春さんのメロン畑では一九九九年六月、受粉用に養蜂家から借り受けていた蜂箱が破壊された。

「朝は異常なかったのに、夕方見回りに来たら蜂箱が二つ、蓋だけ残して消えてたのサ。山の中に引きずり込んで食っていったんだ」

出没のたびに駆除を申請し、畑のそばに檻《おり》を仕掛けて捕殺する。三年前に一頭、一九九九年も一頭捕獲（射殺）したという。

畑の傍らでの取材の間じゅう、若佐さんはずっと大声で話し続けた。腰にぶら下げた小型ラジオが大音量で鳴っているからだ。クマを遠ざけるための自衛策だが、このことひとつみても、住民たちが異様な緊張感の中での暮らしを強いられていると分かる。

渡島半島の別の町役場では、駆除業務の担当職員が

「とにかくクマが多すぎる。被害を減らすにはクマの数を減らすしかないでしょ」

と話した。渡島半島に限らず、農業食害を受けている道内のあちこちで聞かされる典型的な意見である。

しかし、人とヒグマの間に横たわるもうひとつのあつれきも忘れるわけにはいかない。ヒグマにとって自分たちの種の存続を脅かす最大の敵は人間である、ということだ。

『ヒグマ・エゾシカ生息実態調査報告書Ⅳ』（北海道環境科学研究センター、二〇〇〇年）によると、一九七〇年代から九〇年代初頭にかけて、ヒグマの生息域は北海道全土で急速に縮小した。この時期は、「列島改造論」に始まりバブル時代の〝リゾートブーム〟に至る日本の開発最盛期にそっくり重なる。生息域の縮小傾向にはその後歯止めがかかり、いまは横ばい、もしくは少しずつ拡大に転じつつはあるという。だが北海道中央部の積丹《しゃこたん》半島から恵庭《えにわ》市などにかけての石狩《いしかり》西部地方と、北部日本海側の天塩《てしお》地方・増毛《ましけ》地方では回復の兆しがみられない。とりわけ石狩西部地方のヒグマは、環境庁（現・環境省）レッドデータリスト（一九九八年）が「絶滅のおそれのある地域個体群」に指定しているほど深刻な状態だ。

隣り合う生息地どうしが分断されている点も見逃せない。道南地区野生生物室の富沢さんの解説では、雌グマが成長後も生まれた地域にとどまりがちなのに対して、雄グマはオトナになると長距離を移動し、あちこち放浪しながら、生まれたのとは別の森でパートナーを見つける。近親交配を防ぎ、過密化を防ぐ自然のメカニズムだと考えられている。

ところが森林伐採が進んだ今日、クマたちは分断された森と森との間を自由に行き来することができなくなっている。石狩西部地域などでヒグマの個体数が回復しないのは、隣り合う別の生息地から新しいクマが移ってこられないことが大きい、といわれる。

さらにこんなことも分かっている。クマたちが高密度で暮らす渡島半島で、彼らがどんなふうに一生を終えるのか、北海道環境科学研究センターの研究チームが丹念に追跡調査したのだ。

手法はこうだ。「ドラム缶ワナ」と呼ばれる頑丈な装置を生息地の山中に仕掛け、蜂蜜などの寄せ餌《え》を使ってヒグマを誘い込む。首尾よくワナに閉じこめたら、麻酔薬で眠らせる。電波発信器を仕込んだ首輪をつけ、再び放獣する。あとは発信器からの信号を頼りに、自動車・小型飛行機・ヘリコプター、そして徒歩でひたすら追いかけ、地図上にその位置を記録し続ける。追跡が完了するのは発信器が脱落するか、何かの原因でクマが死亡した時だ。

同研究センターは一九八七年からこれまでに計三八頭（いずれも満一歳以上）のクマを生け捕りにして発信器をつけ、二〇〇二年現在も九頭を追跡中だ。このうち一九九六年までに死亡した雌五頭、雄八頭の遺体を回収して原因を調べると、いわゆる自然死は死因全体の三分の一に過ぎず、残り三分の二は「人為的要因」で死んでいたことが分かった。

人為的要因というのは、具体的には人間が狩猟や駆除、毒薬で死に至らしめたということである。追跡したクマたちの中で、自動車にひかれて死んだというような例はない。渡島半島に生息するクマたちにとっては、人に意図的に殺されて生涯を閉じるケースが一般的なのである。

専守防衛？　それとも先制攻撃？

ヒトとヒグマの間のあつれきは、かように深い。ヒグマの地域個体群を絶滅の危険にさらさず、同時に、人間社会の農業被害防止や安全対策を進めるには、どうすればいいのか。まさにこの問題に正面からぶつかっている道南地区野生生物室の取り組みをみよう。

厚沢部町の若佐さんのメロン畑で二〇〇〇年六月、新しい試みが始まった。「電気柵」と呼ぶ一種のバリケードをハウスの周囲に張り巡らせ、ヒグマの接近を拒絶しようというのだ。

ニュージーランド製の電気柵は、バリケードと呼ぶにはあまりに華奢《きゃしゃ》に見える。木製や金属製の細いポールを等間隔に立て、その間に幅二センチほどの白い布製リボンを三段、二〇センチ間隔で張り巡らせただけだ。ところが侮るなかれ。バッテリーを接続すると毎秒一回ずつ、五〇〇〇〜八〇〇〇ボルトの高圧電流がリボンに流れる仕組みで、さすがの猛獣も突破できないという。

若狭農場での実験に先立つ一九九九年、道南

電気柵はヒグマの農地への侵入を防ぐ有効な手段だが、経済的な負担を嫌ってか、導入する農家はまだ少数派だ。（2000年6月23日、北海道檜山郡厚沢部町で）

地区野生生物室は、従来から被害のひどかった七カ所の農地に試験的に電気柵を設置して防除効果を調べた。四カ所で畑の周囲にクマの痕跡を確認したが、うち二カ所は侵入されず、一カ所は電気を切った隙に一度だけ侵入され、もう一カ所は通電していないポール部分が一回破壊された。一〇〇パーセント完璧とはいかなかったが、じゅうぶん評価できる結果だという。農家からは「おかげで安心して農作業できるようになった」という好意的な感想が多かった。将来も効果が持続するかどうか、続けて調べることにしている。室長の富沢さんはいう。

「農地に出没したクマを、我々はこれまで全部殺してきたわけです。でも、殺しても殺しても農作物被害は減っていない。もし被害を防ぎ、そのうえ無闇にクマを殺さずに済む方法を見つけて普及させられれば一石二鳥だと思うのです」

比較的安価で、張ったり外したりの機動性も高い電気柵はその第一候補だ。

ところがこうした「ソフトな対策」が始まり出した矢先の二〇〇一年、道内ではヒグマによる人身事故が相次いだ。四月一八日に道東の白糠郡白糠町《しらぬかちょう》で山菜採りの女性が、五月七日に札幌市郊外で山菜採りの男性が、さらに三日後、日高地方の沙流郡《さる》門別町《もんべつちょう》で駆除活動中の男性ハンターが、それぞれクマに殺害された。一年に三人以上の死者が出たのは一九七六年以来である。

前述のようにヒグマは執着心が非常に強い。いったん人里に定着した個体は射殺せざるを得ない。だが三人目が死亡した翌週の記者会見で、堀達也《ほりたつや》知事はさらに一歩踏み込んで、

「奨励金を出してクマを駆除することを検討する」

と発言した。さらに翌六月には道議会で「春期の管理捕獲」を二〇〇二年から渡島半島で行なうと答弁したのだった。

「奨励金を出して……」と口にした時、知事の頭にはかつて道庁が推進した「春グマ駆除事業」があったはずだ。これは

〈ヒグマの生息多発地帯と思われる地点を攻撃するため、捕獲の比較的容易な融雪期において、計画的駆除事業（一定の地域に一定の期間、必要な数のハンターを動員してヒグマ猟をする）に対しても補助金を交付

（北海道『鳥獣保護制度五十年　北海道の猟政』、一九六九年）

する制度である。人里で問題を起こされる前に山奥でクマを殺すというきわめて予防的なやり方だ。やはりクマ被害が続出していた一九六六年にスタートし、一九八〇年以降は市町村が引き継ぐ形で一九九〇年まで続いた。

この事業を中止に追い込んだのは環境保護の世論だった。事業後期は捕獲数が明らかに減り、地域によってはヒグマ個体群を絶滅させかねないとする保護論者たちの主張には説得力があった。

では、知事が呼称を改めた今回の「春期の管理捕獲」は、かつての春グマ駆除とどう違うのか。予防的である点に変わりはない。それでヒグマを絶滅させる心配はないのか。人身事故や農地・人家付近への出没を防ぐ効果は本当にあるのか――？

鍵は雄グマの捕獲数

こんな疑問をぶつけると、北海道自然環境課野生生物室の森田謙一主幹はこう声を強めた。

「時期は同じでも、かつての春グマ駆除と今回の春期捕獲は中身が全く違います」。

その説明によれば、第一に捕獲対象を雄の成獣中心にしたこと、第二に捕獲数の上限を設けたこと、第三に事後評価を翌年の施策にフィードバックする仕組みであること――これらが一二年前までの春グマ駆除と決定的に異なる点だという。

先述したように、渡島半島では一九八〇年代からヒグマ個体群の動向をつかむためのモニタリングが続けられてきた。北海道庁が二〇〇〇年に初めて「渡島半島地域ヒグマ保護管理計画」を策定できたのも、地域社会とクマのあつれきの激しさに加え、さまざまな研究成果の蓄積があったことが大きい。この保護管理計画が掲げる基本目標は三つ。「ヒグマによる人身事故の防止」「ヒグマによる農作物等被害の予防」そして「ヒグマの地域個体群の存続」である。

今回の春期捕獲もこれらの目標を遂げるための一施策と位置づけ、調査研究の成果に基づいて慎重に立案した、と森田さんはいう。まず、かつての春グマ駆除と、それを中止したことによる（ヒグマ保護の）効果を検証・評価することから始めた。

「春グマ駆除時代と中止後と、一年通しての捕獲数を比べると、雌グマの捕殺は抑制できましたが、雄の捕獲数はじつは変化がないんです」

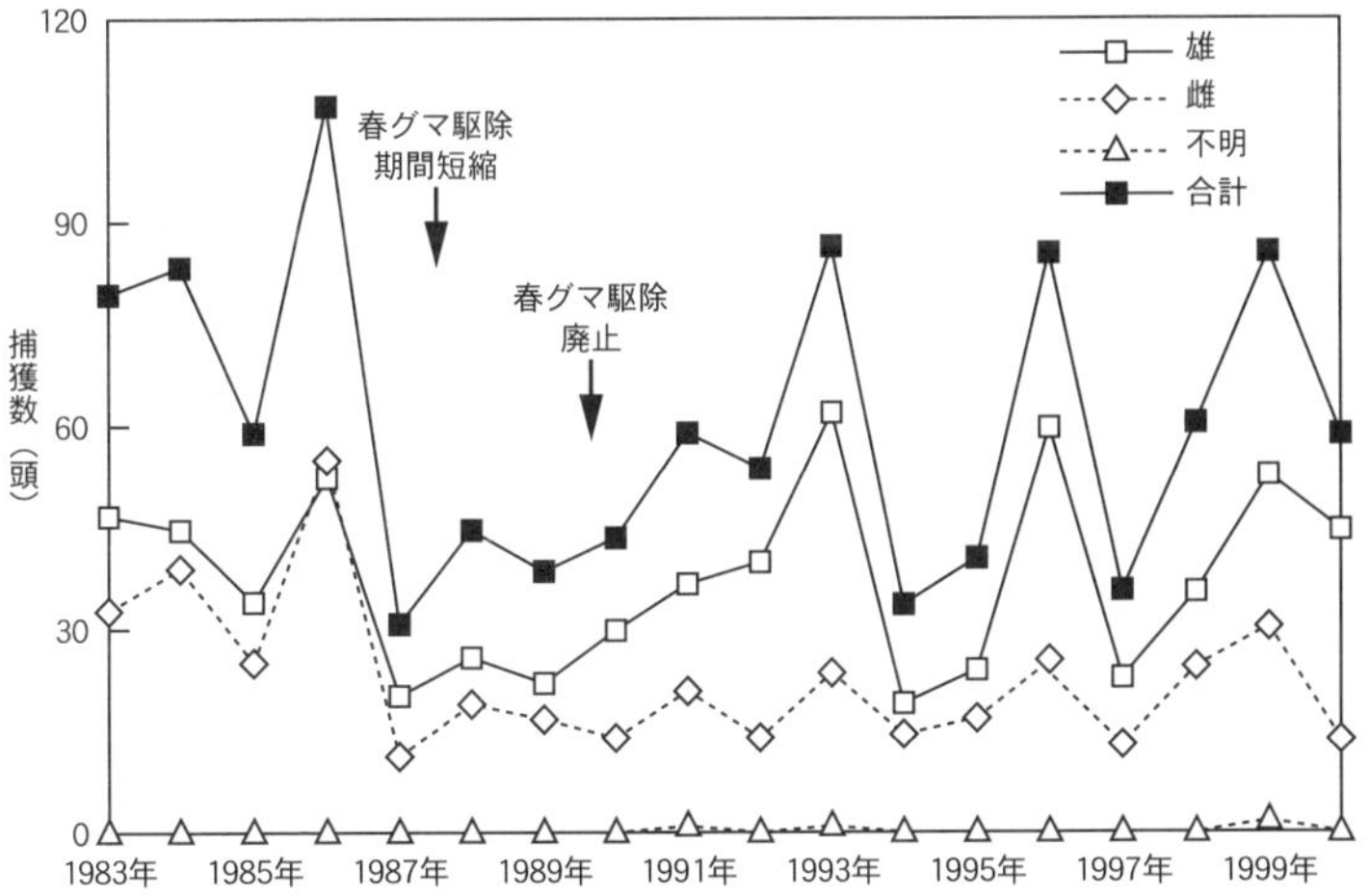

渡島半島における満1歳以上のヒグマの雄雌別捕獲数の推移
（北海道環境科学研究センター提供）

と、北海道環境科学研究センターの間野さんはグラフ（上図）を示しながら説明する。

「ただ、捕獲される季節と場所はがらりと変わった。春に奥山で捕らなくなったぶん、夏・秋に人里に現れて悪さをして駆除される雄グマが急増しています」

つまり渡島半島の雄グマたちには、「春グマ駆除」中止の効果は、あまり表れなかったのである。

その結果、出没地の住民たちが受けるストレスはかえって強くなっている、と間野さんは指摘する。この地域では、厚沢部町で農業を営んでいる若狭さんがまさにそうしていたように、山間や山ぎわの畑で仕事する農民は腰に小型ラジオをぶら下げ、大音量で鳴らしている。クマを近づけないためだ。クマが近くをうろつく環境では怖くて外仕事はできない。

間野さんによると、たとえば一九九六年から一九九九年にかけて、半島西部の檜山支庁管内の八つの町役場にはヒグマに関する苦情が計三五一件届いた。うち六四%

は農家からの通報で、食害のあるなしにかかわらずクマの出没が農作業を滞らせていることが分かる。通報を受けた役場はたいていの場合、現場に駆除隊を急行させるが、苦情一件当たりの平均対応日数は一四・二日、長い場合は捕殺までに三カ月以上もかかっている。そのうえ捕殺に至る割合は三割に満たず、住民はそれだけ長く恐怖にさらされることになる。駆り出される役場職員や駆除隊の負担も無視できない。

新たに始める「春期捕獲」はこうした事態の改善を目指すもの、と間野さんは話す。春グマ駆除を止めた一九九一年以降、夏・秋に人里で駆除されるクマのうち、六三パーセントは雄が占めている。先述のように、雌グマが半径数キロメートルの圏内に定着して一生を過ごすのに対し、好奇心旺盛な雄グマは数百平方キロをほうぼう歩き回る習性があり、それだけ人里に出没する頻度も高いのだ。

そこで今回の「春期捕獲」では雄だけを狙って捕殺する。具体的には、雪面に残る足跡の横幅が一三センチメートル以上だと確認してから追跡・発砲するように駆除隊に義務づけた。足幅がこれ以上ある雌は稀《まれ》なのだ。逆に、幅一三センチメートル未満の足跡は雄雌の区別がつかないので追わない。ワナの使用や、冬眠中のクマの

「データの積み重ねで春期捕獲の計画を立てることができた」と話す間野勉さん。(2002年4月9日、札幌市の北海道環境科学研究センターで)

寝込みを襲う「穴狩り」も、相手を性別に無関係に捕らえてしまうから、という理由で禁止した。

同時に、二〇〇二年三月二一日から四月末までの四一日間とした期間中の捕獲上限を雄三九頭、雌一〇頭と決め、地域個体群存続の担保にした。雄だけを捕獲すると言いながら「雌ゼロ頭」としなかったのは、実際には誤認による雌の捕獲も避けられないと判断したためだという。数字はコンピューターシミュレーションで「春期捕獲を三年連続した場合の絶滅リスク」が五％（春期捕獲を行なわない場合の絶滅リスクは三％）になるように設定したが、ここでも蓄積データがおおいに役立った。

あとは春期捕獲を実行した結果、狙い通り人里へのクマの出没が減るかどうかがポイントだが、これはかりはやってみなければ分からない。

「われわれは一年間トータルして、被害も捕獲数も減らしたいんです。そのためには効果検証とフィードバックが非常に大事」

と、野生生物室の森田さんは語った。

キムンカムイ

だが初年度（二〇〇二年度）に限っては、春期捕獲の効果はハッキリしなかった。例年にない早さで山から雪が消え、足跡をたどる作戦がとれずに捕獲数がさっぱり伸びなかったためだ。しかも、四月末までの期間中、捕獲されたのは雄が一頭だったのに対し、雌が三頭。これも当初の狙いが外れ、雄グマだけを選択的に撃つことの難しさが露呈した。山に向かった地元のハンターたちにとっても、春グマ駆除中止後の一二年のブランク

「春期捕獲」期間中に射殺された雌のヒグマ。体重120キロと大型だったため雄と区別がつかなかった。（2002年4月1日、北海道瀬棚郡瀬棚町で撮影。写真提供／北海道環境科学研究センター道南地区野生生物室）

は短くなかったということだろう。

これで人里へのクマの出没が抑制されるのか、成否の判定は来年以降に持ち越されたかっこうだが、このほかにもクリアすべき課題は多い。それはたとえば制度の問題だ。

今回の春期捕獲は、制度上は「鳥獣保護及狩猟ニ関スル法律」（注）が定める有害鳥獣駆除の手続きによって、市町村長が申請し、支庁長が許可するかたちで実施された。実際に山に向かったのは、市町村の委託を受けた駆除隊で、委託料は市町村が半分、国が半分を補助する、という構図である。

この枠組みの中で、北海道庁が提示した捕獲数制限をはじめとする義務づけは、じつは拘束力のない「紳士協定」（森田さん）でしかなかった。このことは、保護管理計画の目標を地元住民といっしょに力強く達成するためにはいかにも頼りなく、現実に渡島半島内のいくつかの自治体は今回の春期捕獲への参加を見合わせている。

人材不足も露わになった。捕獲個体の計測やサンプル採取、それに〝協定破り〟の監視も兼ねて道庁・支庁・市町村役場の職員たちまでが現場に動員されたり、いつでも出動できるよう待機させられたりした。

こうしたことは本来は専門官を配置して委ねるべき仕事だろう。何も春期捕獲時に限らない。動物のモニタリングや狩猟者・入山者の管理、被害防除の啓蒙やアドバイス、出没時の対応など、多岐にわたる野生動物保護管理の業務は、専門教育を受けたスタッフによって丁寧に行なわれるべきなのだ。米国など先進国の例にならって、約八〇〇〇平方キロメートルの渡島半島を五ブロックに分け、少なくとも各二人ずつ計一〇人の保護管理官が必要、と試算するのはほかならない間野さんだが、現実には道南地区野生生物室のオフィスに二人の研究職員が勤務しているにすぎない。

ヒグマと人の生活圏が重なり合ってあつれきを生んでいるのは渡島半島だけではない。人身事故や農作物被害の多発する地方があるいっぽう、森林開発によってヒグマ個体群の存続自体が危ぶまれている地域もある。渡島半島をモデルにいずれ全道でヒグマ保護管理を展開するのなら、各地にそれぞれ保護管理業務を担う受け

※注　鳥獣保護及狩猟ニ関スル法律は二〇〇二年七月に全面改正され（二〇〇三年四月施行予定）、法律名も「鳥獣の保護及び狩猟の適正化に関する法律」となった。法文から「有害鳥獣駆除」の文言は消え、「鳥獣による生活環境、農林水産業又は生態系に係る被害の防止の目的」での捕獲という表現に変わったが、手続きの基本的なシステムは旧法からそのまま維持されている。

皿が必要だろう。

結局、法制度も含めた保護管理体制をいまのうちにきちんと確立すべきなのだ。ヒグマ保護管理計画が掲げる三つの目標――「人身事故の防止」「農作物等被害の予防」「地域個体群の存続」――は理想的ではあるが、中途半端な取り組みでは実現不可能な難しい命題でもある。

ただ、全体計画の立案は行政機関に責任があるものの、前述したようなフィールドワークは民間にも担えそうだ。

「ヒグマを保護育成しながら、狩猟・採集に根ざしたアイヌ文化を後世に残すために、そんな仕事ができればいいとずっと思っていたんです」

と強い関心を示すのは、アイヌ民族の川上哲《さとる》・北海道ウタリ協会旭川支部長である。

植民地化を進める明治政府が「野蛮だ」と禁じて以来、行なわれなくなったアイヌ民族の伝統的な「穴狩り」を再現すべく、川上さんは支部の仲間とともに二〇〇一年から特別に狩猟許可を得て近辺の春山に通い続けている。

「獲ることだけが目的じゃない。クマがいるということは自然が豊かな証拠でしょ。それを誇るべきなんだ。そんな自然を次の世代に残したいん

「クマが山を守ってきた。もし絶滅させれば自然も失われます」と話す川上哲さん。(2002年4月10日、旭川市内で)

ですよ」

アイヌの先輩ハンターも「人里に来るクマは悪いクマだから、撃て」と教えてくれたが、そんな「悪いクマ」の出没を最低限にするにはどうすればいいか、新しいNGOを作って研究を進めるつもりです、と川上さんは話し、最後にこうつけ加えた。

「グループ名はね、もう決めてあるんです。『キムンカムイの会』と」

先住民族の伝統的な自然観と、最新科学を駆使した保護管理技術とが、もしかすると近い将来、幸せな出合いを果たすかもしれない。これはきっとキムンカムイにとっても望ましいことではないだろうか。

主要参考文献

◆中川裕『アイヌ語をフィールドワークする』（大修館書店、一九九五年）
◆S・ヘレロ著、嶋田みどりほか訳『ベア・アタックス――クマはなぜ人を襲うかI、II』（北海道大学図書刊行会、二〇〇〇年）
◆間野勤「渡島半島地域ヒグマ保護管理計画について」（財団法人北海道新聞野生生物基金『モーリー』六号収録、北海道新聞社、二〇〇二年）
◆『ヒグマ・エゾシカ生息実態調査報告書Ⅳ』（北海道環境科学研究センター、二〇〇〇年）
◆北海道『鳥獣保護制度五十年　北海道の猟政』（一九六九年）

ヒグマに出遭ったときの対処法

■ヒグマとの距離50メートル以上

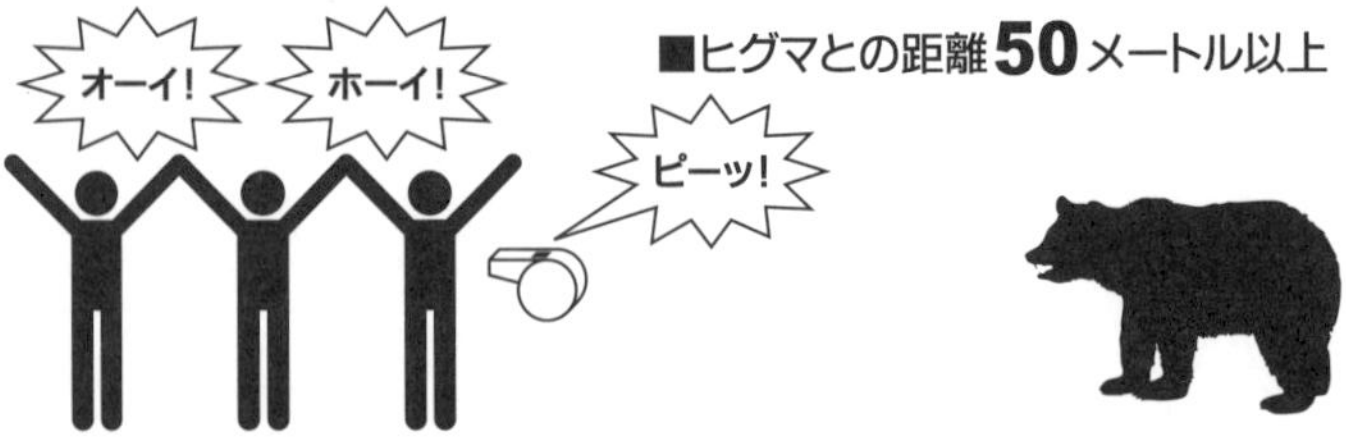

複数人数だったら手をつないで横一列になる。両手を上に挙げて振る。「オーイ」「ホーイ」などと高い声で叫び続ける。ホイッスルを吹き鳴らす。クマが立ち上がるのは臭いをかぐなど探索のための仕草なので、驚かないこと。こちらの存在を相手に気づかせ、自発的にクマが立ち去ってくれるのを待つ。姿が見えなくなったら速やかに引き返す。クマが逆に近づいてきたら、声やホイッスルは継続しながら、クマから目を逸らさず全員でゆっくり後退して距離を保つ。

■ヒグマとの距離20～10メートル

声やホイッスルは継続する。クマから目を離さない。パニックに襲われたら防御姿勢※を。まだ冷静なら、ゆっくり後ずさりしながら一人ずつザックなどをクマのほうに放ってみる。クマが荷物に興味を示して歩みを止めたら、その隙にゆっくり後ずさりして距離を稼ぐ。

■ヒグマとの距離5メートル以内

荷物放り投げ作戦が失敗したらクマ撃退スプレーとナタを準備し、5メートル以内の射程に入ったらスプレーを発射する。スプレーガスに含まれるトウガラシ成分は、粘膜に届いて初めてダメージを与えるので、クマの顔面を正確に狙うこと。効果の持続時間は約20分。相手が苦しんでいる隙に素早く逃げる。スプレー作戦が失敗したら、防御姿勢をとるか、ナタで戦う覚悟を決める。

⚠絶対してはいけないこと

バラバラに逃げる。急に走って逃げる。背中を見せて逃げる。放った荷物を取り返そうとする。子グマに近づくなどして親子の間に割り込む。

※ヒグマから命を守るための防御姿勢（死んだふり）は155ページの写真を参照。

Reportage 9.

「オミヤゲ盗掘」から高山植物を守る

〜入山規制が拓く「花の山」との新しいつき合い方

石灰岩植物の山

巨大な「恐竜の背びれ」の一枚が眼前に現れたとき、ついに空が泣き出した。細かい水の粒が眼鏡のレンズを白く曇らせ、やがて滴となってフレームから頬へと伝い流れ始める。まだ大丈夫、とそれまで雨具なしで通してきた何人かも、あわてて背中のデイパックからレインウェアを引っぱり出した。

三〇人のうち、用意よく膝までのゴム長を履いてきた少数を除く大半の人びとは、わたしも含めすでに登山靴を中までぐしょ濡れにしていた。泥を含んだ雪解け水が流れ落ちる谷筋を登ってきたのだから、それも仕方がない。夏本番にはほど遠い北海道の山の六月、とどめに降り出した霧雨にジャケットのジッパーを襟元まで引き上げながら、それでも穏やかな笑顔ばかりなのは、自分たちが幸運に恵まれてこの場所にやってこられたことを全員がよく理解しているからだろう。

ここまで登ってきたのは、登山道ではなかった。といって、沢登りを楽しむためのコースとも違う。この山に自生する希少な植物群を保護するため、特別に選ばれたルートであり、そこをたどる自分たちもまた、選ばれてここまで来ることを許された特別な集団なのだ。

ここは北海道の島のほぼ中央部、芦別《あしべつ》市の南部に位置する崕山《きりぎしやま》（標高一〇六六・二メートル）である。この山の第一のユニークさは、ふもとから一目瞭然だ。三角柱をばったり横倒しにしたような山容もさりながら、その上辺（尾根の部分）に、ぎざぎざした白い岩峰が連なって露出しているのである。この日、二〇〇一年六月三日の朝七時半、登山会の主催者がチャーターしたバスを林道の終点で降りると、谷を挟んだ向こうの青い空にこれから目指す岩峰がくっきり浮き上がってわたしたちを迎えてくれた。岩肌の白色は、岩峰以下の山を覆う森の色とくっきりしたコントラストをなし、まるで輝いているようだ。「恐竜の背びれ」と呼ばれるゆえんである。

崕山の第二、第三のユニークさに気づくためには、もう少し接近してみる必要がある。「背びれ」の正体は石灰岩の露頭である。芦別市「星の降る里百年記念館」の長谷山隆博学芸員の解説によると、その主成分はオルビトリナと呼ばれる体長三センチほどの古代生物の死骸（化石）である。崕山は、彼ら海棲生物が栄えていた中生代白亜紀前期（約一億三〇〇〇万年前）ごろに海底で形成された厚さ約一〇〇メートルもの石灰岩層がその後の造山活動によって隆起して生まれたという。

石灰岩は浸食を受けやすい。雨に溶け出せば水溶液は強いアルカリ性を示し、うまく適応できない植物が多い。だが逆に、アルカリ性土壌が他の植物の進出を食い止めてくれるからこそ、そこで自由

自生植物を踏みつぶさないよう、あえて足場の悪い沢をルートに選んで入山する。「恐竜の背びれ」を思い起こさせる独特のフォルムをした岩峰群が見えてきた。（2001年6月3日、北海道芦別市の崕山で）

に繁栄できる種類もいる。「石灰岩植物」と呼ぶグループの野草たちだ。石灰岩からなる岩山は限られていて、そうした植物グループの生息地は日本列島全体でも片手で指折れてしまうほどだ。崕山は、そんな石灰岩植物たちの数少ない自生地のひとつなのだ。富良野《ふらの》芦別道立自然公園特別地域、また森林法高山植物保護林として、植物などを採取してはならないことになっているのも、この希少さゆえだ。

にもかかわらず、崕山で希少植物たちが次々に数を減らし始めるのは一九八〇年代である。地元・芦別山岳会の山岡桂司《けいじ》会長はこう話す。

「わたしが崕山に通い出したのは三〇年以上も前ですが、当時は山稜にホテイアツモリ（ラン科）が、足の踏み場もないくらい咲いていたんです。それがいまは、かろうじて一〇株ほど残っているだけ。それが具体的にどこなのか、知られたら大変なことになる。場所はとても公表できませんね」

かつて数十株の大群落を誇った同じラン科のキバナノアツモリソウは一〇株まで激減したうえ花をつけなくなり、崕山にしか自生しない固有種キリギシソウ（キンポウゲ科）はある場所では群落が丸ごと消滅し、エーデルワイスの近縁種オオヒラウスユキソウ（キク科）も残り八三株まで衰退してしまい——と、山岡さんは「被害」を列挙した。

崕山には、公式に整備された登山道はない。広大で険しい夕張《ゆうばり》山地の中にあって一九七〇年代までは山裾に近づく林道すらなく、当時は地元の山岡さんたちごく少数の先鋭的な登山家や植物研究者が訪れるだけの山だった。ところが周辺の森林開発とともに林道が延びてアプローチが容易になるにつれ、入山者が増え始める。彼らが繰り返したどるルートにくっきり踏み分け道ができ上がるのは一九八〇年代の初頭だ。

その結果、まず「盗掘《とうくつ》」が横行し出した。どんな種類のコレクターも、マニアは希少品を手に入れたがる。山野草《さんやそう》園芸を趣味にする人びとの中にも、〝珍品〟に大枚支払うのを厭わない人種がいる。そうしたマニアに向けて、犯罪と知りつつ希少種の群落を周囲の土ごと掘りとっていく盗掘者が、崕山にも現れ出したのだ。

続いて人間の通行量そのものが自然環境を激変させていく。「花の山」として一般の関心を集め始めるのと前後して、中高年者を中心にした登山ブームが入山者増に拍車をかけた。夕張山地を南北に貫く国道四五二号の開通（一九八七年）は、札幌などの都市部から大勢の登山者を引き寄せる結果を招いた。

いかつい「恐竜の背びれ」が、じつは非常に脆弱であることを、山岡さんはこう説明する。

「岩峰の基部、森林との境目の、幅にしてほんの一メートルほどの部分ですが、岩峰から少しずつ崩れ落ちてきた石灰岩のかけらがソフトに堆積した帯状の部分があるのです。そこでは、このような独特の環境でしか生育できない植物が発達して、崕山の植生の大きな特徴でした。ところが山頂に向かうのに最も歩きやすいのもこの部分だった。登山道でもないのに踏みしめられて、もとの状態はすっかり失われてしまいました」

この帯状部分はまた、岩峰を伝い落ちてくる雨水を地下に浸透させる部分でもあったのだが、踏み固められてこの機能を失い、雨水がそのまま山肌を洗うようになって、あちこちで小規模な崩落を誘発し出した。希少植物の群落もろとも地滑りを起こすのだ。

全体を見ても南北に二キロ、幅は一〇〇メートルしかない崕山の岩峰地帯を、山岡さんは「箱庭」と呼ぶ。

「こんな場所に、花の季節に毎週一〇〇人以上も押しかけてこられたら、耐えきれるわけがない」

芦別市や林野庁北海道営林局、芦別市森林組合など官民の五団体が加盟し、山岡さんを会長とする「崕山自然保護協議会」は一九九九年一月、傷んだ植生を回復させるために向こう五年間、人びとの岨山への立ち入りを禁止すると発表した。全国でも初めての入山規制だった。

年間九〇人限りの学習登山

岨山自然保護協議会が入山規制の「強度」を検討した際に利用した一枚のチャートがある（左ページの図）。「星の降る里百年記念館」の長谷山学芸員が作成したものだ。山に観光客を呼ぶのか、環境教育の場とするのか、自然保護を最優先するのか。登山マネジメントの目的を明確にし、具体策を選び取ることは、成果を上げるためにきわめて重要だった。

「地質・植物相・山容のどれをとってもほかの山とは違う特別な山なんだと（協議会の委員たちを）説得する材料には事欠きませんでしたよ。何しろ希少種の宝庫ですから。当初はホテイアツモリに限って保護増殖事業を進める腹づもりだった行政側も、ならば一気に全部（の植物を対象に）やろうじゃないかと踏み出したんです」

と、長谷山さんは振り返る。

そうして選んだのは、最大強度の規制だった。ふもとに通じる唯一の

入山規制にともない、林道に鋼鉄製のゲートが設けられたのだが……。

峠山登山管理の手法別効果予測表（長谷山隆博さん作成）

	保護	教育	観光
条件付き開放	△	◎	○
見学のみ許可	◎	○	△
入山全面禁止	◎	△	×

林道を、登山口に当たる終点まで一〇キロほども残した位置で、頑丈な鉄製ゲートで封鎖したのだ。ただし一年に三回限り、ガイドつきで山頂まで登る「学習登山会」を主催することにした。なぜ入山禁止にしなければならないのかを一般の登山ファンに納得してもらうには、現場で解説するのが一番と判断したからだ。

一回の募集定員は三〇人だが、申し込みが殺到し、初年度の競争率は一八倍に達した。一度当選すると再応募できないせいもあって、三年目の今年（二〇〇一年）は約一〇倍まで下がったが、狭き門であることに変わりはない。

今年の第一回学習登山会は六月二日夕、市の中心街に近い「星の降る里百年記念館」の会議室でスタートした。一泊二日の一日目は座学なのだ。抽選をクリアして道内外の各地から集まった幸運な参加者は、女性一二人に男性一八人。みっちり

ゲートを壊して入り込もうとする人が後を絶たないという。「毎日のパトロールは休めません」と話す山岡桂司・峠山自然保護協議会会長。（2001年9月19日、芦別市内）

危機に瀕している植物を踏み荒らさないよう、入山前に注意事項を再確認する学習登山会の参加者たち。（2001年6月3日、北海道芦別市の崕山で）

二時間かけて山岡さんや長谷山さんの講義を受けた後、宿舎に移ってからも、地形図を囲んで缶ビールを傾けながらの崕山談義が続いた。

これまでの二年間、計六回の学習登山会では、例の登山道ならぬ〝踏み分け道〟をたどる「尾根コース」を登ったが、毎回三〇人ずつ程度でもやはり悪影響は避けられないから、と協議会は今回は初めて全く別の「沢コース」を選択した。足元が悪いのは承知の上で、あえて植生保護により配慮したルートを登ることにしたのだ。雪解け水が流れる沢筋なら、三〇人がひと夏に計三往復しても、植生をそれほど踏み荒らさずにすむ。特に六月初めのこの時期、沢にはまだ残雪が多く、行程のおおむね四分の一程度は雪上を歩くことができたので、影響はいっそう軽かったはずだ。中には登山の初級者や高齢者もいたが、難所には芦別山岳会のサポート隊が前日までにザイルを張り終えてくれていた。

登山開始から二時間ほどかけて尾根に出たわたした

頂上近くの岩峰基部では、無数のアポイアズマギクが咲き乱れていた。（2001年6月3日、北海道芦別市の崕山で）

ちを迎えたのは、連続する巨大な屏風《びょうぶ》岩だった。岩峰基部に到達したのだ。それまでの沢登りでは、エゾノリュウキンカやニリンソウ、シラネアオイ（いずれもキンポウゲ科）といった、北海道の山野では比較的ポピュラーな花たちが目を楽しませてくれてきたが、ここは明らかに雰囲気が違う。

岩と岩の間の狭い通路を進みながら見上げると、濡れた岩壁のあちこちのくぼみで、淡いピンク色をした小さな花が数個ずつ、強風に揺れている。アポイアズマギク（キク科）だ。学術的には石灰岩植物のグループからは外れるが、同じようにごく限られた山岳にしか分布しない花である。

やがて、最も高い岩峰の基部に到着。ここの周辺にもアポイアズマギクが咲き乱れている。風雨はさらに強まったが、交代で高さ約五メートルの岩峰を（岩壁の植物をなるべく踏みつぶさないように気を遣いながら）よじ登り、全員がピークを極めた。

現れ出した成果

一年分の三回の学習登山会をすべて終了した二〇〇一年九月、芦別市内に山岡さんを再訪すると、真っ先に三枚のカラー写真を見せてくれた。どれも同じ位置から崕山の岩峰を撮影したものだが、一九九九年六月初旬、二〇〇〇年六月末、そして二〇〇一年七月半ばと、日付だけが違う。

「早くも成果が出てきたんですよ。ほら、踏み分け道に今年は植生が回復してきてるでしょ」

一九九九年の写真で画面奥の岩峰群に向かって手前から緑の中を一直線に伸びている土色の踏み分け道が、入山規制から三年目の二〇〇一年の写真ではまわりの緑にすっかり同化している。岩峰の下方の斜面で土を剥き出しにしていた崩落跡も、年を追うごとに植物に覆われ始めているのがはっきり分かる。

「踏み分け道の植生回復には大きな意味がある。土壌流出が食い止められるし、盗掘も減るはず。なんせ、これまで宝の山（希少種の群落）の真ん中に道が通っていたわけですからねえ」

と、入山規制策を評価するのは、北海学園大学生物学研究室（札幌市）の佐藤謙教授だ。一九七〇年代から崕山の植生調査を続け、早くから保護対策の必要性を訴えてきた。

佐藤さんによれば、高山植物の生育地というのは元来、それぞれとても限られたものだという。強風が吹きつける、雪が吹きだまる、雪崩が起きやすい、地表の礫が風で常に移動している、といった条件が場所によってさまざま異なり、ある場合にはそれらの条件が複合もし合って、結果として存在するその場所の環境自体が、それぞれ固有といえるからだ。そんな環境で育まれれば、植物の固有性もまた高くなるのは当然だろう。「最初から生息地は一カ所か二カ所、個体数にして一〇〇から一〇〇〇という植物もある。つまり（一株も採集していないとしても）すでに希少なわけです」（佐藤さん）。

崕山の場合、山体を形成する石灰岩のせいで表土が強いアルカリ性を帯びていることはすでに述べた。おまけに日本列島の石灰岩性の山のうちで最も北方に位置するため、比較的寒冷という条件が加わる。このような崕山岩峰部の多様なフロラ（植物相）の希少性はとりわけ高く、生態系がこれまでたどってきた歴史も含め、ロマンを秘めたものとして大切にしなくてはならない、と佐藤さんは話した。

だからこそ、入山規制の今後にも慎重である。立入禁止を続けるにしても、規制を緩和するにしても、しっかりした調査に基づく科学的根拠が必要だと強調する。

「アツモリソウなど徹底的なダメージを受けてしまった植物が元のように回復するまでには、まだ長い時間がかかるでしょう。今後も規制は続けざるを得ないが、崕山の珍しい花を見たいという人たちにそれを理解してもらうために、たとえばふもとで栽培種を見せるとか、そういう工夫もあっていい」

佐藤さんのこんな提案からさらに一歩進んで、最先端の栽培技術を希少種の自生地復元に活用すべきだ、と話すのは、市民団体「北海道高山植物盗掘防止ネットワーク委員会」の委員で、札幌市在住の山野草育苗《いくびょう》家、丹征昭《たんまさあき》さん。

「難しいとされてきたラン科植物の人工培養技術も確立し、すでに大千軒岳《だいせんげんだけ》（北海道松前郡福島町など、一〇七二メートル）のホテイアツモリソウ自生地では、園芸家団体が復元作戦をスタートしています。人が壊した自然なら、人が積極的に回復を手助けしてもいいと思うんです」

ガーデニングブームで園芸人口が増え、いまや山野草も平地のビニールハウスで大量増殖される時代だ。バイオテクノロジーのおかげで珍種すら大きく値下がりし、人気あるほとんどの山野草について、かつてのような商業目的の盗掘はもはや成り立たない、と丹さんは説明する。

北海道庁は二〇〇二年六月、「北海道希少野生動植物の保護に関する条例」（二〇〇一年施行）に基づいて、「特定希少野生動植物」として七種の植物を指定した。同条例によれば、特定希少野生動植物というのは、〈指定希少野生動植物のうち、譲渡し及び譲受けを監視する必要があるもの〉。この指定を受けると、〈生きている個体の譲渡しの業務を伴う事業を行なおうとするときは、知事の登録を受けなければ〉ならなくなる。では「指定希少野生動植物」とは何かと言えば、〈希少野生動植物のうち、特に保護を図る必要があると認めて指定するもので、生きている個体は、捕獲、採取、殺傷または損傷をしてはなりません〉とされるグループのことだ（〈〉内はいずれも二〇〇二年九月現在の北海道庁サイトより引用）。

つまり、もしこの「特定希少野生動植物」に指定されると、たとえそれが人工栽培された株であっても、自由な取引が規制・監視されることになるわけだ。

指定に先立つ同年五月、この「特定希少動植物」として、あらかじめ北海道自然保護課がリストアップして示したのは一二種。確かにこれまでひどい盗掘被害に遭い続け、ブラックマーケットで高値で取り引きされてきた植物たちばかりだ。しかし札幌市内で開かれた公聴会で、丹さんたち山野草栽培家が、

「リストには、専ら種子から量産され、すでに広く流通普及している、いわば大衆種も複数含まれています。園芸界の常識、通念では、大衆種を特定希少種に選定することは理解できません」

と、専門家らしい説得力ある意見を公述すると、結局、当初リストアップされていた一二種のうち、ダイセツヒナオトギリ(キンポウゲ科)、フタナミソウ（キク科）、オオヒラウスユキソウ、シソバキスミレ（スミレ科）、レブンソウ（マメ科）の指定は見送られた。最終的に指定された残りの七種、すなわちヒダカソウ（キンポウゲ科）、キリギシソウ、ウルップソウ（ウルップソウ科）、ユウバリソウ（同）、ユウバリコザクラ（サクラソウ科）、キバナノアツモリソウ、ヤチラン（同）は、どれも人工栽培が比較的難しいとされる種ばかりだ。おかげで条例はより現実的な規制になったとみていいだろう。

丹さんは、このような山野草市場の状況ではもはや商業目的での盗掘はほとんど成り立つ余地がないと言うのだが、といって、それで山野草の自生地から危険が去ったとは少しも楽観していない。崕山をはじめ多くの「花の山」で、いま大きな問題になっているのは、登山のついでに「一本くらいなら平気だろう」と自生株を抜いて帰る「オミヤゲ盗掘」だという。

罪の意識なく希少植物を踏みつけ、オミヤゲまで持ち去ってしまう自称「花好き」たちの啓蒙こそ重要、と丹さんは強調する。そうした花

札幌市内で山野草ナーセリーを経営する丹征昭さんは、「登山者や山野草の愛好家は山の自然保護にもっと寄与できるはずだ」と話す。

ファンたちは、自分のちょっとしたふるまいが、しかし知らないうちに集団的圧力と化して自然環境に致命的な悪影響を及ぼしているということに気づいていない可能性が高い。しかし、彼らは同時に、山を下りて自宅に戻れば園芸ファンであることも多い人びとである。啓蒙によって自らの過ちにいったん気づけば、今度は自生地保護のためという全く反対のかたちで山に戻ってきて、栽培技術を生かした大きなマンパワーになってくれるかもしれない。またそのように利用者の教育を進めていかなければ、登山におけるオーバーユースの問題は、いつまで経っても解決できないのではないだろうか。

崕山自然保護協議会の山岡さんによれば、二〇〇三年までの崕山の入山禁止措置の後、規制内容をどうするかは、まだ決まっていない。定点観測をはじめとする環境モニタリングを続け、そのデータを下敷きに、いろいろな意見も取り入れながら判断を下す計画だという。

「学習登山会の後、全員にアンケートに答えてもらっているのもモニタリングの一環です。五年の規制期間が過ぎたら、参加者のみんなに再登山してもらおうかとも考えています。気をつけて登ればこんなに回復するんだ、というのを実感してもらえると思ってね」

表面的には登山者を拒絶しているようにも見える崕山の入山禁止措置だが、決して敵対関係を生んではいないのだ。むしろ、自然とつき合う上で節度ある登山とはどんなものか、実験しながら確立しようとする試金石として、サポーターを増やし始めている。毎年九〇人ずつ程度とはいえ、学習登山会の参加者たちはそっくり、それまでは単なる登山者だった立場から、崕山を保護する当事者に生まれ変わるのである。

二〇〇三年夏、再び登山するチャンスがいまからとても待ち遠しい。

主要参考文献

◆長谷山隆博「峠山の自然環境」（『平成五年度版年報 Vol. 1』星の降る里百年記念館、一九九四年）
◆清水敏一「受難の山　峠山」（北方山草会『北方山草』第一四号収録、二〇〇〇年）
◆渡辺定元、佐藤謙「北海道・空知・峠山の石灰岩地帯の植物相（一）（二）」（『北陸の植物』第一九巻収録、一九七一年）
◆佐藤謙「壮大な地球の歴史を語る高山植物」（財団法人北海道新聞野生生物基金『モーリー』四号収録、北海道新聞社、二〇〇一年）
◆丹征昭「世界の珍しい高山植物」（財団法人北海道新聞野生生物基金『モーリー』四号収録、北海道新聞社、二〇〇一年）

Reportage 10.

移入種大国から

環境立国へ

〜目標は「持続可能な利用《サステイナブル》」

キーウィを探しにゆく

薄暗いジャングルの中で、Ｔシャツに作業ズボンの青年が二人、湿った地面に腹ばいになっている。二人の間には直径二メートルを超すブナの倒木が朽ちかけている。二人は泥まみれになるのも構わず、倒木の下にそれぞれ片腕を肩まで突っ込んで何かを探り出そうと懸命だ。

「よし、つかんだ！」

そう小さく叫んだニック・ギリガムさんが穴の中から引きずり出したのは、褐色の羽毛に包まれた不思議な姿の生き物――ニュージーランドの国鳥キーウィだ。

「やったな！」

倒木の反対側から泥んこの顔を上げて声をかけたのは野村直也さん。ギリガムさんが大事に胸に抱え上げたこのキーウィは、オトナだがまだ若い雄の個体で、二人は彼のことを「ミッジ」という愛称で呼んでいた。

目配せを交わすと、二人はすかさず次の仕事に取りかかった。まず「ミッジ」のたくましい両脚首にビニールテープを巻きつけて自由を奪う。ヒトの手から逃れようとなおも激しく身もだえする「ミッジ」の頭部に、ギリガムさんは自分のＴシャツの前の部分をスッポリかぶせた。目隠しすると鳥が落ち着くのだ。続いて「ミッジ」の左足首に巻かれた軟質プラスチックのベルト（産婦人科で新生児の足首に巻く名札用のものをそのまま流用していた）をハサミで切り取り、小型の電波発信機《トランスミッター》を取り外した。ベルトを新しいものに取り替えて「ミッジ」の足首にくくりつけると、上からビニールテープを丁寧に巻きつける。

「ベルトが劣化してトランスミッターが脱落しないように年に三回、こうやって交換するんです。トランスミッターの電池は一年に一度の交換でいいんだけど」

とギリガムさん。今度は野村さんが「ミッジ」の計測にかかる。ノギスを当ててチェックするのは嘴《くちばし》の長さ、指の長さ、爪の長さなどだ。キーウィの性別は嘴の長さで判別することができ、

「嘴の先から三分の一を手で隠してみて、それでもキーウィらしく見えたら雌」（野村さん）

だという。それほど雌の嘴は長いのだ。

必要なデータのメモを取り終え、おおかたの処置が済んだところで、特別にわたしも「ミッジ」を抱っこさせてもらった。ニュージーランド人でも生きている姿を目にすることはまずないといわれる野生のキーウィを胸

▼キーウィに取りつけたトランスミッターからの電波を捕らえるため、湖上のボートからアンテナを振る野村直也さん。（2001年2月27日、ワイカレモアナ湖で）

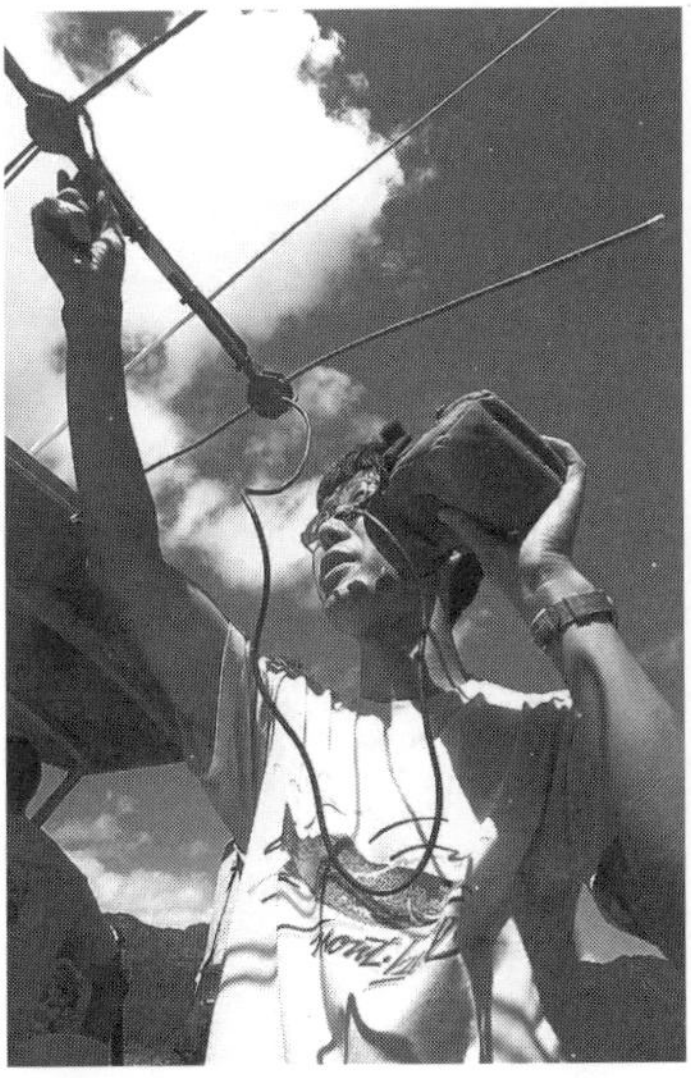

▲トンネルから引きずり出した「ミッジ」を胸に抱いたギリガムさん。「ミッジ」は嘴を振るって精一杯の抵抗を試みる。（2001年3月1日、ワイカレモアナ湖畔で）

ニュージーランド北島の中東部に位置するワイカレモアナ湖。湖畔を囲む森林にはキーウィが生息している。（2001年2月27日）

に抱けるなんて、きっと一生に一度の体験に違いない。身体をそっとなでると、翼があるはずの位置で棘のような突起物が指先に触れた。意外なほどずっしりと重量感があるのも、この鳥が飛行能力を捨てて完全な地上生活に適応していることの証拠だろう。骨の中の空洞がほかの鳥類に比べて少なく、軽さを犠牲にして頑丈さを獲得したのだ。

拘束を解かれ、もといた穴の入り口にそっと置かれると、「ミッジ」はそそくさとトンネルの暗がりに消えていった。

ここはニュージーランド北島の中央部に位置する山上湖ワイカレモアナ（水面の海抜五八〇メートル）の湖畔の森である。キーウィ保護のための研究を続けている環境保全機関「ランドケア研究所」主席研究員のジョン・マクレナン博士とその若い助手たちを訪ねて、湖畔に建つ自然保全庁（Depertment of Conservation＝略称ＤｏＣ《ドック》）の小さな宿泊棟《ハット》にわたしが滞在したのは、二〇〇一年二月末から三月初旬にかけてだった。この日は昼食を終えてから、二人のスタッフたちと一緒に小型のボートで出発した。まず野村さんがボート上から受信アンテナを振って「ミッジ」のいる方向を見定め、上陸した森の中で電波の発信源を突き止めて、首尾よくひと仕事を終えたところだ。

じつは二日前の午後にも別の個体を追って森に入ったのだが、ブナの大木の根本の地中にキーウィを確認したものの、気づかれてトンネルの最深部まで逃げ込まれてしまい、ついに手が届かず涙をのんだのだった。キーウィは一日のうち二〇時間を地中で睡眠に費やし、食事のために地中から這い出してくるのは夜間の四時間だけだ。時には空振りもあるけれど、いったん電波発信器さえ装着してしまえば、キーウィを捕まえるにはこのように昼間のうちに寝込みを襲うのが効率的なのである。

では発信器を取りつけるために最初にキーウィを見つけ、捕まえるにはどうするのか。滞在中のある日、マクレナンさんはじめスタッフたちとそのユニークな捕獲作戦に出掛けたのは、ＤｏＣの宿泊棟でマクレナンさん手ずからの「カレーココナッツ風味のローストチキン」を平らげたあと、日もすっかり暮れた午後八時三〇分だった。

霧雨のため星明かりすらない真っ暗な湖上をしばらく走り、ボートをつけた岩だらけの岸辺からヘッドランプで足元を照らしながら注意深く斜面を登ると、やがて林が切れてちょっとした草原に出た。明かりを消し、全員で地べたに座って無言のまま待つ。物音はいっさい立てるなとあらかじめ言われていたので、身じろぎもできない。四五分間がそのまま過ぎて、闇の向こうでまさかみんな黙って先に帰ってしまったんじゃないだろうかと心細くなりかけたとき、遠くから待望の声が聞こえてきた。

「ピリリー、ピリリー、ピリリー……」

独特の甲高い声で、音数は一六回。後半の八音ほどは管楽器で半音階を吹いたみたいに徐々に音程を上げながら、最後は息切れするようにデクレシェンドしていった。この鳥の名の由来にもなったというキーウィ・コールだ。

「コールが少し遠すぎるな」

マクレナンさんがこう言うと、この夜はこれで撤収となった。本番前の偵察だったというわけだ。

宿泊棟に戻ると、マクレナンさんは捕獲作戦の全貌を説明してくれた。キーウィ・コールの主《ぬし》は雄のキーウィである。繁殖期にはパートナーを呼び寄せるためにコールするが、そろそろ繁殖期も終盤に近いいまの時期は、もっぱらなわばりを主張するためにコールするのだという。

「日が暮れてあれだけ時間が経ってからコールしたところをみると、今日のキーウィは抱卵している最中だね」

交尾したキーウィの雌は穴の奥の巣に卵をまず一個を産み、三週間後にもう一個を産む。卵の面倒をみるのは父親の仕事で、パートナーが最初の産卵をしたあと、二個目が産み落とされ、一羽目の雛《ひな》が孵《かえ》って、さ

野生キーウィの減少原因を突き止めた「ランドケア研究所」のジョン・マクレナン博士。保護のために精力的な研究を続けている。(2001年2月28日、ワイカレモアナ湖で)

らに二羽目が無事に誕生するまで、連続八二日間にわたって穴の中で抱卵し続けるのだ。父鳥はその合間にも毎晩のコールだけは忘れない。また繁殖に参加していない雄もなわばり宣言のコールは欠かさない。こちらは日が暮れたらもっと早い時間にコールするという。

捕獲作戦はこの習性を逆手にとったものだ。

「キーウィ・コールが聞こえたら、わたしがすかさずこの偽の笛（イミテーション・ホイッスル）を吹く。すると、なわばりを荒らされたと思ったコールの主は相手を追っぱらおうとすっ飛んでくるんだ。キーウィにもいろんな個性があって、イヌみたいにフンフン鼻を鳴らしながら用心深く近づいてくるものもいれば、まるでシカみたいに突進してくるヤツもいるんだが、こっちは円陣を組んでそれを待ち受ける。キーウィが円陣の中に飛び込んできたらわたしがライトを当てるから、相手がびっくりして後ずさったその瞬間に、いいかい、だれでもいいからキーウィの両脚をめがけてタックルするんだ。——ところでラグビーは得意かな？」

二日後の晩、わたしたちは再び同じポイントでキーウィ・コールを待ちうけた。けれども今回はついにコールは聞こえず、「もしキーウィがこっちに向かってきたら」とひそかにイメージトレーニングしていたタックルを披露することは、残念ながらできなかった。

侵入種が追いつめた「飛べない鳥」

野生のキーウィがその数を減らしていることにニュージーランド人たちが気づき出したのは一九八〇年ごろだという。各地の生息地で例のキーウィ・コールがめっきり聞こえなくなってしまったのだ。原因を調べ始めたマクレナンさんが最初につかんだ手がかりは、キーウィの生息地で幼鳥（ここでは四歳未満の未成熟な個体を「幼鳥」と呼ぶことにする）の占める割合が極端に低くなっているという事実だった。

「野生のキーウィを探すのには訓練したイヌを使う方法もあって、北島の三カ所の生息地でキーウィを探したのです。ところが生け捕りにした鳥たちの齢構成を調べてみると、北島本島内の二カ所の調査地では幼鳥の割合は五パーセント以下と非常に低い値でした。もう一カ所のカプティ島では、同じ方法で探して幼鳥の割合は四五パーセントと、こちらは健全な齢構成でした。卵の孵化率は同じ、成鳥の生存率も変わらない。でも若い鳥の割合だけが大きく違った。ということは、もし三カ所で何か環境条件の大きく異なる点があればそれが原因に違いないでしょう？　そう思って比べてみると、一番大きな違いは捕食者《プレデター》の有無でした」

マクレナンさんのチームは電波発信機を駆使してキーウィの巣の場所を突き止め、卵から孵ったばかりの雛鳥たち（キーウィの雛は孵化したらすぐに巣立つ）にも電波発信機をつけて追跡した。そうして追い詰めた犯人は、離島には生息せず、しかし北島本島では非常に繁殖している小型の肉食獣オコジョ（ストーツ）だった。

ニュージーランドに生息するオコジョは侵入種である。一番近いオーストラリア大陸からでも二千キロメートル離れているこの島国には、もともとコウモリ以外の陸棲哺乳類はいなかった。オコジョは一八六〇年代、アナウサギを減らすための「天敵」としてヨーロッパ人が持ち込んだ。アナウサギ自体、毛皮獣としてヨーロッパから連れてこられた移入種だが、どんどん開墾される牧草地で急激に繁殖し、作物を食い荒す「害獣」になっていた。だがこの天敵作戦も失敗に終わる。オコジョは間もなくニュージーランド全土に分布を広げたが、向かった先はアナウサギの棲む農耕地ではなく森だった。オコジョはそもそも森林に棲む動物なのだ。そ

キーウィにとって大きな脅威になっているオコジョ。ヨーロッパから人間が持ち込んだ「侵入種」だ。（写真提供／ジョン・マクレナン博士）

うして侵入種オコジョたちが新しく見つけた棲み心地よさそうな森には、飛ぶことを忘れた無防備な先住者――キーウィがいた。オコジョたちにとってその雛鳥は、いとも簡単に手に入る食べ物のひとつに過ぎなかった。

北島に生息するノースアイランドブラウンキーウィの場合、推定個体数は三万一〇〇〇羽だが、毎年六パーセントの割合で減少中で、このままでは二〇一五年までに絶滅するという予測もある。

マクレナンさんは、ワイカレモアナ湖を取り巻くこの森で、オコジョの密度とキーウィの幼鳥の生存率の相関を調べている。七五〇ヘクタールの実験区で、徹底的にわなを仕掛けてオコジョの個体数を八〇パーセント減らした結果、キーウィ幼鳥の六〇パーセント近くが無事に成長できるようになった。オコジョを放置した対照区での幼鳥生存率はわずか七パーセント。劇的な成果だ。

「でもキーウィの個体群の絶滅を避けるには、少なくとも一万一千ヘクタール（およそ一〇キロメートル四方）のエリアでオコジョを抑制する必要があるんです。広域内で効果的にオコジョを減らす技術の開発が目下の課題です」

マクレナンさんや助手のギリガムさんの研究に、ボランティアとして協力している野村さんの役目は、オコジョや野ネズミ（これも移入種）の密度調査だ。オコジョの主食は野ネズミであり、その増減がオコジョの数も左右する。オコジョの数の制御には野ネズミの数の把握が欠かせない。北海道札幌市出身の野村さんは、

「ここで学んだことを、いずれ日本の現場でも生かしたい」

と話し、帰国したいまは帯広市で野生動物調査と環境保全のためのプランニングの仕事を続けている。

終わりのない戦い

ニュージーランドは現在、世界で最も移入種対策に熱心な国だといえる。

たとえば旅行者は入国審査で、

「泥まみれの靴を履いていないか」

「森を歩いたままの服を着ていないか」

としつこく質問される。イエスと答えると衣類の提出を求められ、「汚れ物」は別室に運ばれてしまう。北海道千歳空港からソウル経由でオークランド空港に降り立ったわたしは、魚釣り用に持参したウェーダー（胴長）の靴底のフェルトに付着していた「北海道の泥汚れ」で引っかかった。しばらく待ちぼうけを食らったが、返却されたウェーダーはすっかりきれいになっていた。もちろんクリーニングのサービスではない。旅行者の体や荷物にくっついて国外からやってくる植物の種子や小さな昆虫などを水際でくい止めるための措置なのだ。

国際自然保護連合（ＩＵＣＮ、本部・スイス）は二〇〇〇年、「侵入種による生物多様性の喪失を防止する

ためのＩＵＣＮガイドライン」（IUCN Guidelines for the Prevention of Biodiversity Loss Caused by Alien Invasive Species. 以下「ＩＵＣＮガイドライン」）をつくった。生物の輸入にはアセスメントを義務づけ、もし野生化した場合はすぐに徹底的に駆除すること、費用は輸入者が負担すること、などと厳しい注文が並んでいるが、「真っ先にこのガイドラインを政策化できるのはわが国でしょう」

と、ニュージーランド国立オークランド大学の生態学者、ミック・クラウト博士は胸を張る。クラウトさんは、ＩＵＣＮガイドラインを作成した「侵入種専門家グループ（ＩＳＳＧ）」の議長を務めるこの分野の牽引者のひとりだ。

決して「完全解決」のゴールが見えているわけではない。当地で「最悪の害獣《ペスト》」と呼ばれるポッサム（フクロギツネ。オーストラリア原産の有袋類）にオコジョ、野ネズミ、さらにヤギ、シカ、ウサギといった侵入種たちを対象に巨額の駆除費を投じてなお、自然保護区など限られたエリアで低水準に抑制しておくのが精一杯という状況だ。いったん顕在化した侵入種問題の解決はそれほど難しいということだが、そんな「終わりなき戦い」にニュージーランドは果敢に挑んでいる。

これまで報告してきたように、侵入種問題が顕在化しているのは日本も同様だ。しかし、国民の危機感はニュージーランドに比べて格段に乏しい。環境省や一部自治体がようやく対策に動き出したが、生物多様性条約（一九九三年発効）が明記しているにもかかわらず、世論に配慮してか高らかに侵入種の「撲滅」を宣言している例はわずかだ。「ルポ４」のケースでは、琵琶湖の「ブルーギル、オオクチバス再放流禁止」の条例案に二万通以上の意見が届き、その大半は反対を唱えるものだった。また「ルポ７」でみたように、外国産クワガタムシ・カブトムシの輸入激増を下支えしていているのは農林水産省による歪んだかたちの「規制緩和」だった。

ニュージーランドではどのように合意形成が図られているのか、というわたしの問いに、クラウトさんは、

「最も重要なのは教育なんです」

と答え、こう続けた。

「わが国では、どこかでたとえばポッサムの駆除を実施する場合、必ず事前に住民説明会を開きます。学校の授業でも、なぜこれらの動物を殺さなければならないかをちゃんと教えています」

立ち寄ったオークランド市内の書店でこんな子供向けの写真絵本を見つけた。『ポッサム狩り(Possum Hunt)』という題名で、小学生のシャノンとブレアーの姉弟《きょうだい》が父親といっしょに郊外にポッサムを捕まえに出掛ける。箱ワナの作り方や仕掛け方、木の上にいるポッサムをスポットライトで照らしながら（ポッサムは夜行性である）ライフルで射撃する方法、捕らえたポッサムの皮をはぐ場面まで、ストーリーを追いながら一部始終が描かれている。ポッサムがなぜニュージーランドに移入されたか、その結果どんな影響が生じているか、なぜ殺さなければならないのかの解説もしっかり書いてある。いささか生々しい写真描写といい、日本ではこんな児童書にはちょっとお目にかかれそうにない。

一九世紀以降、ニュージーランド人は自国を徹底的に開拓して農地や人工林を広げてきた。釣りのために鱒《ます》を放流し、狩猟のためにシカを導入した。ニュージーランドのヒツジ飼育頭数はざっと四〇〇〇万頭といわれているが、この膨大な家畜を養うために国土の大半を牧草地に変貌させ、農場の周囲に巡らされている木立

は多くがポプラやプラタナス（いずれも移入種）だ。現代のニュージーランドには、もともとの自然の風景はほとんど面影もないが、だからこそいま、彼らは侵入種対策に血道を上げているのだろう。

さらにもうひとつ、そんな方向性を力強く支える法律の存在も大きい。一九九一年に成立した資源管理法（Resource Management Act）である。一五部四三三条および一〇細則からなる巨大で進歩的なこの法律の背骨になっているのは、

〈自然資源および天然資源についてのサステイナブルな管理を促進すること〉（第五条）

という明確な目的意識だ。「サステイナブルな管理」というのは、

〈人びとと共同体の社会的、経済的、文化的な幸福、健康、安全をもたらす方法と程度において、自然資源及び天然資源の使用、開発、保護について管理すること〉（同）

とあり、法学者の平松紘氏はその本質を、

〈「サステイナブル」は、自然環境と人間生活のバランスある「保全」を意味する〉（『ニュージーランドの環境保護 「楽園」と「行革」を問う』信山社、一九九一年）

と解説している。

では、この法律は現実にはどのように生かされているだろうか。具体例をニュージーランドの「釣り場マネジメント」に見てみることにしよう。移入種の鱒をその対象としてはいるものの、人間が野生動物と「サステイナブル（持続可能的）」な関係を続けようとするとき、この資源管理法を後ろ盾にしながら絶妙にデザインされた仕組みとして、日本のわたしたちにも参考になると思うからだ。

キーワードは「サステイナブル」

毎秒三〇センチメートルのリズムを保ちつつシンキングライン（フライ・フィッシング＝西洋式の毛ばり釣りに使用する釣り糸）を手繰る。と、「ごごん！」と鈍い手応えが伝わってきた。すかさずロッド（釣り竿）を立てて合わせをくれる。張りつめたラインの先で水面が割れ、黄金色の魚体が朝日を浴びてぎらりと輝く。こちらは心臓が爆発しそうになる。

きっかり七分後、わたしはこの国で初めての獲物を手中にした。鼻の曲がりかけた見事なレインボウトラウト（＝ニジマス。サケ科）だ。彼のたくましい尾びれは、日本から持ち込んだランディングネット（たも）の木枠を大きくはみ出している。

ニュージーランドは、日本をはじめ世界中の鱒釣り師を魅了してやまない国。実際に体験してみると、改めて深くうなずかされる。

たとえばここ、北島東部行政区ロトルア市のロトルア湖では、貸しキャビンから歩いて数分のポイントで、思わず目を見張るような大きさの魚が毎朝毎晩、文字通りコンスタントに釣り上げられている。晩夏に当たる二月下旬のこの早朝、同じポイントでは七人が並んでフライラインを手繰っていたが、魚の群れが回遊してきた約三〇分の間、だれかしらのリールが派手な逆転音を響かせ続けた。いわゆる成魚放流はいっさい行なわれていないと聞かされて、日本からやってきた釣り人はいっそう驚嘆してしまう。

それは一体どんな方法によるのか。秘密の鍵を握るひとつの機関がある。名称を「フィッシュ＆ゲーム・

ニュージーランドの鱒たちが世界中からやってくる釣り客を必ず大喜びさせるのは、「サステイナブルな釣り方」が実践されているからだ。ただし対象魚はレインボウトラウトやブラウントラウトといった移入種たちばかり。19世紀にヨーロッパ人たちが持ち込んだ。（2001年2月21日、モハカ川で）

ニュージーランド」（以下F＆G）といい、ニュージーランド全土（注）の淡水域の釣り場と狩猟場の管理運営を担っている。

F＆Gは総本部を首都ウェリントンに置き、全国一二の行政区（日本でいう県に当たる）にそれぞれ地方本部を持つ。そのひとつ、F＆G東部本部をロトルア市ノンゴタハに訪ねた。全国最大規模の鱒の孵化場を併設しているせいもあるのだが、とにかく規模が大きい。山の裾野に広がる敷地を一本の小渓流が貫いていて、訪問者はこの川を見やりつつ林間の木道をしばらく歩いてからログ造りのこぎれいなオフィスに迎えられる、という凝ったレイアウトだ。案内された小会議室の壁には、

※注　北島北部のタウポ湖を中心とするタウポ地区の管理運営のみ、中央政府が直接所管している。

クラシックスタイルの釣り師たちが獲物を前にポーズを決めた古い写真の大パネルが何枚もかかっていて、訪問者（釣り好きに決まっている）はもうこの段階ですっかりハートを奪われてしまう。

この国で鱒釣りをする人は必ず許可証（ライセンス）を購入しなくてはならない。F＆Gはこのライセンスの発行元である。でもライセンス事業はこの組織の業務のほんの一部に過ぎない。取材に応じてくれた東部本部主席事務官のロブ・ピケスリーさんは、

「F＆Gの第一の目的は、釣り場や対象魚をサステイナブルに利用できるよう管理することです」

と話した。

そのためにF＆Gが駆使しているのが、ワイルドライフ・マネジメント（野生動物保護管理）の技術だ。まず、資源量を把握するために川や湖の釣り場ごとに綿密なモニタリングを続けている。春の解禁時には、地区本部一四人の職員が総出で釣り人約一〇〇〇人に釣り場で面接し、実際の釣れぐあいを聞き取り調査する。夏には、ウェットスーツと水中メガネをつけた調査員たちが横一列で川を流れ下りながら魚を探して数える「ドリフト・ダイビング」を実施する。また鱒たちの食べ物である水生昆虫の発生量を記録する。標識をつけた放流魚を回収して成長

ニュージーランドで鱒釣りをするには、地元民も旅行者も等しく釣りライセンスを購入し、釣り規則を守らなければならない。（2001年2月24日、ウィリナキ川で）

具合を調べ上げる――。

　こうした各種調査のデータをつき合わせて、各地の鱒たちが増えているか減っているか、減っているとしたらどのくらい減ったか、といった判定を下すのである。

　さらにこの判定に基づいて翌シーズンに釣り人たちに課す釣り規則（レギュレーション）を練り直す。魚が増えているなら規制緩和、逆なら規制を強化するわけだ。規制にも種々あり、解禁日数・持ち帰ってよい魚の数・持ち帰ってよい体長・使用してよいタックル（釣り具）などといった項目をそれぞれ細かく検討して、魚に対する釣りの圧力を少しずつ調整する。

「天然もの」を釣りたいと思うのはニュージーランド人も同じで、魚の数を維持したり増やしたりのコントロールは、原則として鱒自身の繁殖力に頼っている。が、魚たちが自力で繁殖できない湖などでは、人工放流も重要な「マネジメント」だ。東部本部の管轄にはそんな釣り場が多い。

　孵化場管理官のデビー・スチュワートさんによると、東部本部では各釣り場の資源量をにらみながら、自力繁殖が芳しくない一六の湖で毎年合計約七万匹のレインボウトラウトを放流している（全国総計では年間約一四万匹）。ただし放流するのは体長約一五センチメートルの一歳魚だけだ。

「魚たちは湖で毎日一ミリメートルずつ成長して、一年後に四ポンド（約一・八キログラム）くらいになったところを釣られるわけです」

　と、スチュワートさんは説明した。ちなみに放流魚は必ずひれの一部が切除されていて、釣り人にも見分けがつくようになっている。

これだけのマネジメントを続けていくには相当の労力が必要だ。F&Gで働くスタッフは全国で約七〇人。釣り場を見回るレンジャーの業務は、ボランティア約五〇〇人の協力に支えられている。とはいえ、財政面の安定は運営の大前提である。ライセンス事業はここで出てくる。

F&G総本部の発表によれば、二〇〇〇年度の事業予算は約六〇〇万ニュージーランドドル（約四億円、狩猟部門も含む）。特筆すべきは、この全額がライセンスの売上金と企業寄付によってまかなわれていることだ。一年間に全国でざっと一二万三〇〇〇枚の釣りライセンスが発行されている。

「わたしたちは（税収で運営される）政府機関とは異なります」

とスチュワートさん。

◀「サステイナブルな釣り」は、F&Gの保護管理事業によって支えられている。全国に12あるうちのひとつ、東部本部を訪ねた。（2001年2月24日、ロトルア市郊外で）

▶「F&Gを支えてくれている釣り人たちとの対話は非常に重要です」と話すロブ・ピケスリーさん（左）とデビー・スチュワートさん。（2001年2月24日、F&G東部本部で）

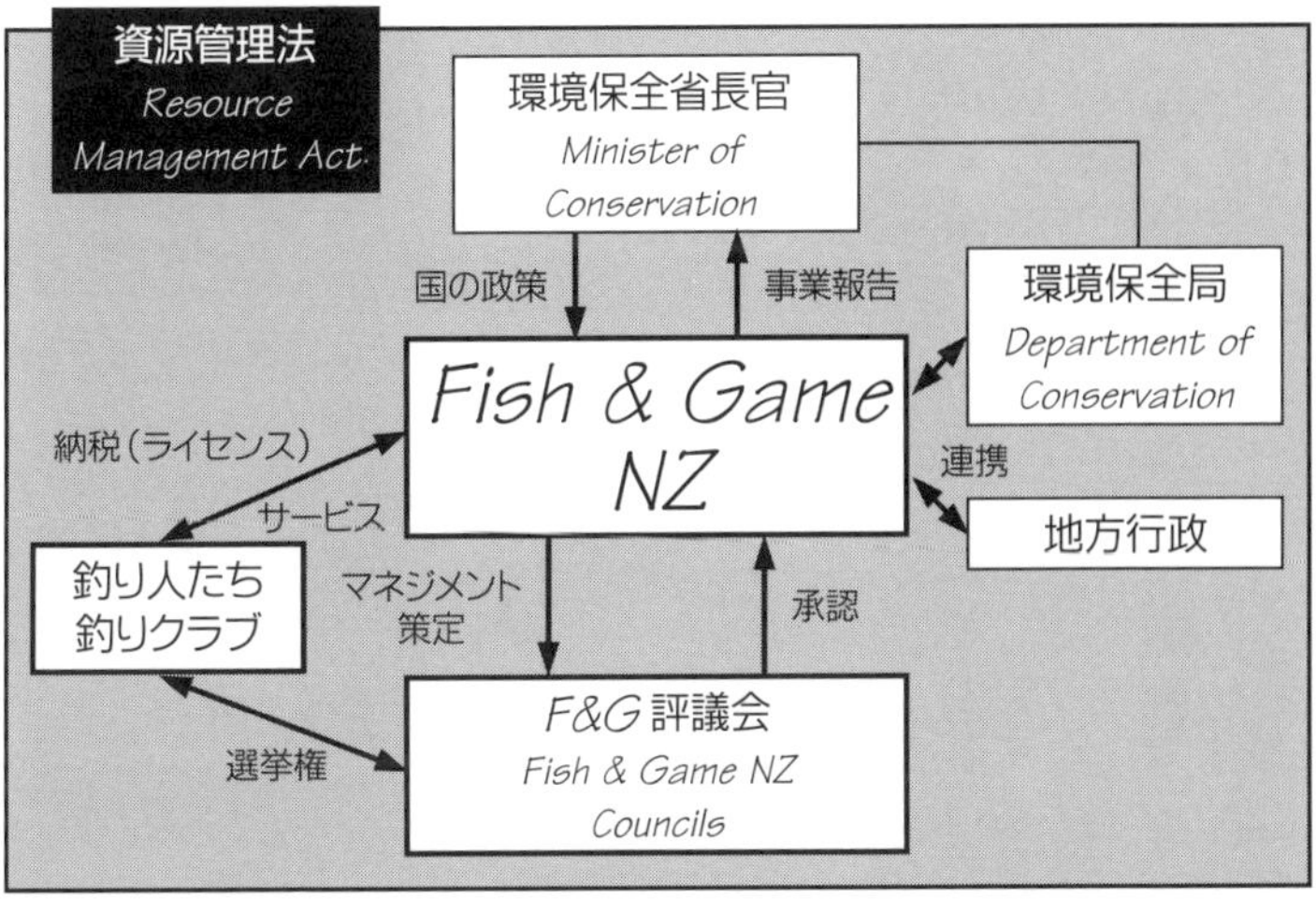

F&GとF&G評議会、そして釣り人との関係は、代議制そのもの。国家にたとえればF&Gが行政府、評議会は国会、釣り人が有権者だ。すべてを司る「資源管理法」はいわば憲法である。

「だからこそ、釣り人のみなさんとのコミュニケーションがとても重要なのです」

ライセンス料を徴収されたうえ、こまごま規則を押しつけられるいっぽうなら、釣り人は不公平感を募らせるばかりだろう。それを「釣り人も満足、F&Gも満足」（ピケスリーさん）という状態に保てているのは、F&Gがほかならない釣り人によって民主的に運営されているから、ということに尽きる。

F&G総本部と全国一二のF&G地方本部には、それぞれ対《つい》になる形で「F&G評議会」が存在する。各評議会一二人ずつの評議員は、選挙によって選ばれた釣り人の代表たちだ（総本部評議会は各地方本部評議会からひとりずつの評議員によって構成される）。三年ごとの評議員選挙に投票するのも当然釣り人で、ライセンスを買うと自動的に選挙権を得る仕組みになっている。無報酬の名誉職である評議員に選出されるのは、各地元の釣りクラブの幹部や釣りガイドといったベテランたちだが、その職業は法律家・公務員・農家などさまざまだ。再選は認められているものの、顔ぶれが固定化することはあまりないという。

「放流量を増やすべきだとか、スピニング（ルアー釣り）規制を緩和しようとか、評議員の方々もいろんな意見をお持ちですよ」

とピケスリーさん。

「でも、大前提はやっぱりサステイナブルであること。生物学的な調査で集めた証拠をもとに将来の資源変動の予測をしてキチンと示し、評議会のみなさんに方針を決めていただく。それに沿うように釣り場を管理運営するのがわたしたちの仕事です」

と続けた。

「サステイナブル」という言葉が繰り返し強調されることから想像がつくように、F＆Gは「資源管理法」の基本理念に常に忠実であろうとしている。行政機関ではないF＆Gが、釣り人たちにライセンス購入や規則遵守を義務づけられるのも、この法律の後ろ盾があるからだ。

国の資源管理法に始まり、地方の小河川の細かな釣り規則に至るまで、見事に体系化されているのがニュージーランドの釣り場管理術なのだ。

移入種としての鱒をどうみるか

さてしかしながら、ここまで読み進んできてストレスを感じている読者もきっと多いことだろう。すでに触れたように、ニュージーランドの鱒たちは、いかに人気があろうとも、レインボウトラウトもブラウントラウトも「移入種」であるからだ。それを保護管理することは、どれほど科学的・先進的なやり方で実践されているとはいえ、はたして「サステイナブル」だと評価すべきなのか――。

当のニュージーランドの人びとがこのことをどう考えているか、耳を傾けてみよう。

一九世紀半ば、イギリス人を皮切りにヨーロッパ人たちが集団移住してきた時、アオテアロア（先住民マオリはニュージーランドをこう呼ぶ）にはめぼしいゲームフィッシュ（＝釣りの対象魚）がいなかった。そこでブラウントラウト（欧州原産）やレインボウトラウト（北米西海岸地方原産）たちが移入されたのだが、競合する在来種がいなかったため、鱒たちはすぐに定着したばかりか、原産地よりはるかに大きく成長して釣り人を楽しませるようになる。

もちろん、釣り過ぎれば枯渇するのは目に見えているので、一八六〇年代になると移入資源を保護するために「アクライメティゼーション・ソサエティ」が各地で活動を始める。アクライメティゼーション（acclimatisation）という言葉には、〈新しい気候風土に次第に慣れること〉といった意味がある。要するに、ニュージーランドの川や湖に新しく導入した鱒たち（シカや水禽類など狩猟のために持ち込んだ移入種もその対象だった）をしっかり定着させようという企てである。二〇世紀初頭には政府の認可を受けて魚釣りのライセンス制を導入し、それで得た資金を資源管理業務に回す仕組みを作った。同協会こそF＆Gの前身であり、こんにちのF＆Gの活動もこの流れを受け継いだものといえる。

いっぽう、前節でも述べたように、現代のニュージーランドは世界に冠たる「侵入種対策先進国」でもある。

象徴的なのが先にも触れたポッサムだ。いまから約一四〇年前に毛皮獣としてオーストラリアから移入されたこのベジタリアン有袋類は、野生化して推定七〇〇〇万頭にまで増え、いまやニュージーランドの農林業や自然生態系にとって最大の脅威になっていて、官民あげての駆除作戦が展開されている最中である。

　在来の生態系を脅かすという点では鱒たちも例外ではない。国立オークランド大学には先述したＩＵＣＮの侵入種専門家グループ（ＩＳＳＧ）の事務局が置かれているが、そこで会った生態学者たちは口々に、

「移入された鱒が川や湖の生態系に大きなインパクトを与えていることは間違いない」

　と話した。ＩＳＳＧが二〇〇〇年暮れにまとめた〝逆レッドリスト〟ともいうべき「世界の最悪侵入種百選（100 of the world's worst invasive alien species）」では、魚類八種の中にレインボウトラウトもブラウントラウトもそろってランクインしている。ここまでわたしはニュージーランドにおける両種を（迷いに迷いつつ）「移入種（alien species）」と書き表してきたのだが、ＩＳＳＧの研究者たちなら躊躇《ちゅうちょ》なく、これら二種の鱒たちにもっと悪質な「侵入種（invasive alien species）」という冠を被せたかもしれない。

　これに対して当のＦ＆Ｇは、

「ニュージーランドの在来魚は主に川の源流部や河口域に生息しているので、移入鱒の影響はあまりないと考えています。川や湖では、すでに鱒を組み込んだ生態系がバランスよく成立しています」

　というのだが、実際は在来魚と移入魚がともに分布している水域も多い。

　結局、こと釣り対象魚に関しては「侵入種対策先進国」も矛盾を抱えている。だが矛盾を抱えつつ、歴史的な経緯と、Ｆ＆Ｇに代表される保護管理組織の存在、さらに経済性とをはかりにかけて、バランスのよいとこ

ろで現在のような状態になっているのだろう。オークランド大学で会った移入種問題の専門家たちがそろって苦笑しながらこうつけ加えたのは印象的だった。
「何しろ鱒釣りは、この国の一大産業だからねえ」

サステイナブルな社会を目指す技術

でも、だからといってニュージーランドのこの挑戦を過小評価する必要はない、とわたしは思う。こうした矛盾も、むしろ先進国ならではの齟齬《そご》と言うべきだろう。〈自然資源および天然資源についてのサステイナブルな管理を促進する〉画期的な資源管理法を作り、続いて移入種対策でも世界の先陣を切ったニュージーランドで、こんなふうに浮き上がってきた新しい矛盾も含めて、日本のわたしたちは多くを学ぶことができるはずだ。

地球の生物多様性は、「はじめに」で触れたように、地域によって異なる在来の自然をそれぞれ大事にすることによってのみ保全される。先述したように日本とニュージーランドの自然（人間による改変を受けた後の「自然」も）の姿は大きく異なるし、また同じ日本国内、ニュージーランド国内でも、地域によって文字通り多様な自然が存在する。そうしたさまざま異なったかたちの自然を「大事にする」ためには、適用する仕組みや技術もまた、さまざまかたちが違って当然だ。

ただし、それぞれ各地でゼロから取り組み始める必要は全くないのである。日本には、ニュージーランドに比べればまだ豊かといえる在来生態系がある。ところが、それら在来種たちを相手に「サステイナブルな管理」を進めるための仕組みや技術がない。これまでみてきたように、日本のあちこちで新しい動きが起き始めてはいるが、こうした試みはまだ例外的だと言わざるを得ない。法制度から現場での技術、さらに先頭ランナーだからこそ直面している矛盾に至るまで、ニュージーランドのやり方をこの場面で参考にしない法はない。

再び魚釣りを例にとれば、ニュージーランドのF＆Gが、もし移入種（もしくは侵入種）ではなく在来の魚たちを相手にこの管理を行なっていたら、と想像してみる。それならばシステムとして、あるいは技術的にみて、生物多様性を保全するための完成度の高い「サステイナブルな管理」が成功しているといえるのではないか。

ひるがえって日本では、釣りのために移入された魚たちは数多いとはいえ、これまで科学的に保護管理された試しがほとんどない。自然河川であろうと成魚放流は当たり前、情報が流れるや釣り人が殺到し、釣れなくなったらまた放流、という粗暴な「営業」が繰り返されてきただけだ。

そんなふうに釣りのために持ち込まれた魚たちによる在来生態系への悪影響が、いま次第に実証され始めている。たとえば北海道立水産孵化場の鷹見達也研究員の研究グループは、札幌市近郊の小渓流に放流されたブラウントラウトが移入から約二〇年間で在来のアメマス（サケ科）を上回るまで勢力（個体数）を拡大していることを報告している。また市民グループ「深泥池水生動物研究会」は、京都市北区の深泥池でオオクチバスやブルーギルが移入された後、この池からコイ科を中心に在来の七魚種が姿を消したことを突き止めた。バスやギルの移入以外、原因となる環境変化は考えられないという。

在来生態系が比較的保全されているという面からすると、在来種と移入種（あるいは侵入種）をはっきり区別したうえでの「サステイナブルな管理」は、ニュージーランドより日本でこそ急務だと言える。そのときにニュージーランド式の仕組みと技術はよいお手本になるだろう。

もうひとつ、ニュージーランドが気づかせてくれることがある。それは、「サステイナブルな管理」を指針とすることで、わたしたちは「利用者」であると同時に「保全者」になりうる、ということだ。魚釣りに限らない。狩猟、漁業、登山、昆虫飼育など、自然を「資源」とみなして利用するどんな分野にもこのことは当てはまる。利用者一人ひとりにとって、相手の生き物を利用しながら——多くの場合は殺しながら——、しかし決して相手の生き物の群れを追い詰めてはいない、と確信できることの意味は大きい。なぜなら、それが生業であるにせよ趣味であるにせよ、「もしかして自分の行為は群れを過度に圧迫しているのでは?」と後ろめたい気持ちを感じずに済むようになるし、それどころか、以降はむしろ「自分は生物多様性保全に貢献している」と誇りを持って行為に臨むことができるようになるからだ。

一般にワイルドライフ・マネジメントの仕組みでは、相手動物の群れを「適正な」状態に管理するために、人間側から群れに向けられる圧力の大きさをこまめに調整するが(ルポ6およびルポ8を参照のこと)、利用者の一人ひとりはそのシステムに従いさえすれば、自動的に「適正な」利用を行なえることになる。もし、そのマネジメントの目標が「サステイナブルな管理」であって、マネジメント機関(多くの場合は地方自治体などの公的機関が担う)が誠実に、そして科学的に目標達成を目指すなら、利用者の一人ひとりもまた、「サステイナブルな管理」を担う一員になれるのだ。

生物多様性は、中央政府が守るのでも、地方自治体が守るのでも、自然保護団体が守るのでもない。各地域の自然に関わる全ての人びとが守るのだ。ただ、一人ひとりはそれぞれ個人レベルで自然に対する働きかけは制御できるが（「もうこれ以上、採るのはやめよう」）、同じ地域の自然に関わる自分も含めた利用者集団全体としての働きかけのインパクトを調整することまではできない。この「集団インパクト」を調整するのがマネジメント機関であり、公平・公正を期すため地方自治体や中央政府がその責を負う。もちろん、相手にしている自然がその地域在来のものなのか、それともそうでないのかの区別はここでも重要である。どんな自然を対象に「サステイナブルな管理」を行なおうとしているのか、マネジメント機関は生物多様性の考え方を軸にして、あらかじめ明確にしておくべきだ。この場面で、マネジメント機関が適切に機能しているかどうかを監視するオンブズマンの役目を担うのが自然保護団体だろう。

重要なのは、利用者もマネジメント機関もオンブズマンも、この仕組みに関わる全員が、それぞれ一定の満足感を味わえるようにデザインすることだ、とわたしは思う。もしそうでなければ、システム自体が「サステイナブル」でなくなってしまうからだ。生物多様性を保全するためには、その仕組みもまた、「サステイナブル」でなければならないのである。

主要参考文献

◆平松紘『ニュージーランドの環境保護　「楽園」と「行革」を問う』（信山社、一九九一年）
◆M・デポーター、M・クラウト「世界自然保護連合（IUCN）の侵入的な外来種に対する取り組み」（川道美枝子ほか編『移入・外来・侵入種　生物多様性を脅かすもの』収録、築地書館、二〇〇一年）
◆Frank Saxton 2000. *Possum Hunt.* Reed Children's Books. Reed Publishing (NZ) Ltd, Auckland, New Zealand.

◆Bryn Hammond 1988. *The New Zealand Encyclopaedia of Fly Fishing.* The Hlcyon Press, Auckland, New Zealand.

◆Fish & Game New Zealand. Eastern Region 2001. *Sports Fish & Game Bird Management Plan.* Rotorua, New Zealand.

◆鷹見達也ほか「北海道千歳川支流におけるアメマスから移入種ブラウントラウトへの置き換わり」（『日本水産学会誌』Vol. 68, No. 1 収録、二〇〇二年）

◆平田剛士『エイリアン・スピーシーズ　在来生態系を脅かす移入種たち』（緑風出版、一九九九年）

あとがき

人は野生動物とどうつき合うべきなのか――。わたしにとって三冊目（共著書を含めると四冊目）の単行本となる本書でもまた、このテーマが取材・執筆の際の土台になりました。

初めての著書『北海道ワイルドライフ・リポート　野生動物との共存をめざして』（平凡社、一九九五年）では、人の社会と野生動物との間にあつれき（たとえばシカによる作物の食害、またたとえば公共事業による生息地破壊）が生じている場面で、野生動物保護管理（ワイルドライフ・マネジメント）という技術をじょうずに使うと、そのあつれきを緩和することができ、人間社会が相手動物の群れを絶滅に追い込まずにすむ、ということを報告しました。また二冊目の『エイリアン・スピーシーズ　在来生態系を脅かす移入種たち』（一九九九年、緑風出版）では、どこか別の生息地から連れてこられ、その後、移入先で野生化してしまった動物たちに焦点を当てました。もともと人が持ち込んだわけですから、移入種たち自身には何の罪もありません。でも、そんな移入種たちが在来の生態系にインパクトを与えている場合、移入種たちを排除する責任がわたしたち社会にはあり、死んでもらう移入種たちに申し訳ないと思う痛みも、わたしたちは「罰」として受け止めなければならない、と書きました。

この間、自然環境に対する社会の態度もずいぶん変化してきた、と感じています。まず、保全生物学を志す若い研究者たちが増えています。単に生物学や生態学に興味があるというだけでなく、むしろ初めから環境保全を念頭におき、そのために必要な技術や知識を究めたいと思ってこの道に進んできた人たちです。環境保全のためには、たたかわなければならない相手がまだまだ多いのですが、それが行政機関であれ大企業であれ、少なくともわたしが会った若い彼・彼女らはみんな、「御用学者にはなるまい」という気概にあふれていました。

行政や立法機関にも方向転換の兆しが見えます。移入種問題は、問題点が明確なこともあって、各地方自治体が対策に着手しつつあります。また河川法が改正され、新しく流域の環境保全が目的のひとつになりました、二〇〇二年暮れには「自然再生推進法」が成立し、従来はほとんど自然破壊する一方だった公共事業の方向が変わりうる可能性が出てきました。まだ本格稼働する前ですから、それで本当に自然環境が保全（再生）されることになるのか、依然として監視は必要なものの、舵が大きく切られていることは評価していいでしょう。環境ＮＧＯの活躍も各地でめざましく、その提言を地方行政が環境保全のための社会システムとして実現するパターンが増えてきました。

日本のあちこちを歩き回って、こうしたたくさんの動きのうちのいくつかのケースをルポルタージュしたのが本書です。例のワイルドライフ・マネジメントの技術を利用してすでに成果を上げ始めているところもあれば、まだようやく実験にとりかかったばかりというところもあります。現場を訪ね、関係するたくさんの方たちにお目にかかりながら、その地域社会と生き物たちの関わり合いを「生物多様性」というフィルターを通して見つめてきました。野生動物とどうつき合うべきなのか――、その答えに近づくためのヒントを、いくつかでも読者の皆さんにご提供できたとしたら、筆者としてこんなにうれしいことはありません。

各地でお会いした当事者のみなさんとのインタビューは、何よりエキサイティングでした。聞き役に徹しきれず、インタビューというより議論に発展してしまったり、二度三度と繰り返し会ううちに本題を忘れてプライベートな悩みを打ち明けあったり、こちらの準備不足を見破られてやんわり叱られたり……。本書の中で必ずしも全員にご登場いただけたわけではありませんが、みなさんの笑顔と親身なご協力がなければ本書は決して生まれることがありませんでした。ふつつかなわたしの取材に快く応じてくださった全てのみなさんに、この場を借りて深くお礼申し上げます。なお、文中では、取材当時の肩書きをそのまま使わせていただきました。

最後の章として収録したニュージーランドのルポは、「一緒にニュージーランドに鱒釣りに行きませんか。ついでにフィッシュ&ゲーム（F&G）も見学しましょうよ」と釣り友だちの藍澤雅邦さんにお誘いいただかなければ実現しませんでした。このときニュージーランドに留学中だった野村直也さんは、じつは彼とわたしは大学時代からの親友同士なのですが、野生キーウィの保護活動の現場に導いてくれたばかりか、約二週間の滞在期間、ずっとドライバー兼通訳として面倒をみてくれました。また彼が大学都市ハミルトンで引き合わせてくれた伊藤剛さんには、F&Gに関するたくさんの資料をはじめ詳しい現地情報をいただきました。彼らのおかげでニュージーランド取材はとても愉快な旅になりました。

本書は、二〇〇一年秋から二〇〇二年春にかけて雑誌『週刊金曜日』（金曜日）に連載した「続・日本全国ネイチャー ネイチャー」シリーズを骨組みに、同誌二〇〇二年九月二七日号掲載の「バスもギルもおことわり」、雑誌『Outdoor』（山と渓谷社）二〇〇一年五月号に掲載した「ニュージーランド式釣り場管理術に学ぶ、日本の移入種問題の行方」、雑誌『AERA』（朝日新聞社）二〇〇一年六月四日号に掲載した「ニュージーランド国の鳥キウイ守れ」、雑誌『ヌプカ』（ウィルダネス）二〇〇〇年二号に掲載した「どうする？　ヒグマとの共存。」を加え、それぞれ大幅に加筆して再編集したものです。『週刊金曜日』編集部の渡辺妙子さんはじめ、頼りないライターを叱咤激励してくださった各誌編集者諸氏に深く感謝申し上げます。

また今回、本書の出版を決断いただいた地人書館と、雑誌連載時からわたしのつたない記事を評価し、大きな勇気を与え続けてくださった同社編集部の塩坂比奈子さん、製作を担当いただいた石田智さんに、大きな感謝を申し上げます。

そして、いつもわたしをさまざまな面で支えてくれている大切な家族、鈴木亮子と更、漣に、心からの感謝とともに本書を捧げます。

二〇〇三年二月二〇日記す

平田剛士

平田剛士《ひらたつよし》（フリーランス記者）
1964年、広島市に生まれ、少年時代を富山市で過ごす。北海道大学工学部卒業後、『北海タイムス』記者を経て1991年からフリー。北海道滝川市在住。自然環境問題や先住民族アイヌなどをテーマにしたルポ記事を『週刊金曜日』などに発表している。著書に『北海道ワイルドライフ・リポート』（平凡社、1995年）、『エイリアン・スピーシーズ』（緑風出版、1999年）、共著書に『環境を破壊する公共事業』（緑風出版、1997年）がある。
ウェブサイト：http://homepage1.nifty.com/hiratatuyosi/index.html
電子メールアドレス：PXN04427@nifty.com

ルポ・日本の生物多様性
保全と再生に挑む人びと

2003年3月30日　初版第1刷

著　者　平田剛士
発行者　上條　宰
発行所　株式会社 地人書館
〒162-0835 東京都新宿区中町15
TEL 03-3235-4422　FAX 03-3235-8984
URL http://www.chijinshokan.co.jp
E-mail chijinshokan@nifty.com
郵便振替口座　00160-6-1532

編集制作　石田　智
印刷所　平河工業社
製本所　イマヰ製本

ISBN4-8052-0727-2　C0040

●野生生物との付き合い方や自然保護を考える

クゥとサルが鳴くとき

下北のサルから学んだこと

松岡史朗 著

A5判／二四〇頁／本体二二〇〇円(税別)

「世界最北限のサル」の生息地・青森県下北郡脇野沢村に移り住み，野生ザルの撮影・観察をライフワークとする著者が，豊富な写真と温かい文章で綴る群れ社会のドラマ．サルの世界の子育てや介護，ハナレザル，障害をもつサルの生き方など，新しいニホンザル像を描き出し，人間と野生動物の共存について問いかける．

ムササビの里親ひきうけます

野生動物・傷病鳥獣の保護ボランティア

藤丸京子 著

四六判／一六〇頁／本体一二〇〇円(税別)

巣から落ちた野鳥のヒナ，病気やケガや迷子などで保護された野生動物を「傷病鳥獣」と言います．本書は，ただ動物が好きという理由で傷病鳥獣の保護ボランティアになった著者が，ムクドリやムササビの里親となって奮闘し，「野生動物とのつきあい方」について考えていくようすを描きます．

ようこそ自然保護の舞台へ

WWFジャパン 編

四六判／二四〇頁／本体一八〇〇円(税別)

国際的な自然保護団体WWFジャパンの助成により全国で展開されている自然保護活動を紹介し，さらにWWFジャパンのみならず，様々な自然保護活動を網羅して，その活動のノウハウをまとめた．イベントへの参加と告知，情報公開・署名・申請などの方法，各種助成金の申請法などが解説されている．

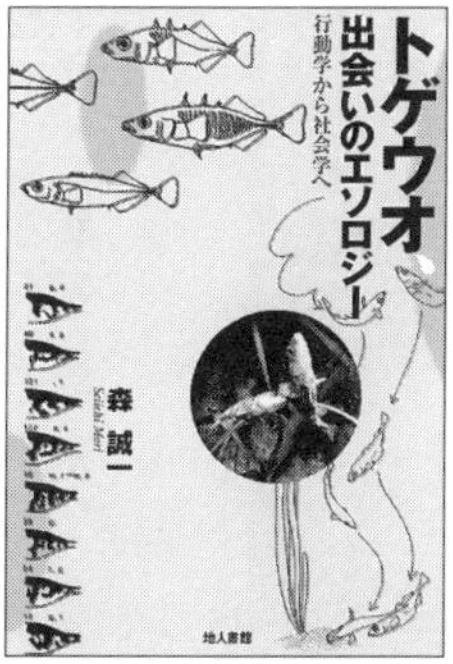

トゲウオ、出会いのエソロジー

行動学から社会学へ

森　誠一 著

四六判／二二四頁／本体二三〇〇円(税別)

幼い頃の川遊びで出会ったトゲウオに魅せられて研究者となった著者は，ひたすら観察を積み重ね，その分布や生活史，生態，繁殖期の個体間関係などを明らかにしてきた．本書はその総まとめであるとともに，生息環境の悪化により減少の一途を辿るトゲウオ類の喘ぎ声に応えようと，実践してきた保護活動について熱く語る．